室内设计新方式
AI 创造理想家

魏文勇 ○ 著

河北科学技术出版社

图书在版编目（CIP）数据

室内设计新方式 ：AI创造理想家 / 魏文勇著. --
石家庄 ：河北科学技术出版社，2024.3
ISBN 978-7-5717-1941-8

Ⅰ．①室… Ⅱ．①魏… Ⅲ．①室内装饰设计－研究
Ⅳ．①TU238.2

中国国家版本馆CIP数据核字(2024)第050681号

室内设计新方式 AI 创造理想家
SHINEI SHEJI XINFANGSHI AI CHUANGZAO LIXIANGJIA

魏文勇　著

责任编辑	李　虎
责任校对	徐艳硕
美术编辑	张　帆
策划统筹	柴占伟
技术指导	娄　菲 徐　飞
策划编辑	冯怡心 杜若婷
装帧设计	张　晴
出版发行	河北科学技术出版社
地　　址	石家庄市友谊北大街 330 号（邮编：050061）
印　　刷	河北万卷印刷有限公司
开　　本	710mm×1000mm　1/16
印　　张	13
字　　数	150 千字
版　　次	2024 年 3 月第 1 版
印　　次	2024 年 3 月第 1 次印刷
书　　号	ISBN 978-7-5717-1941-8
定　　价	88.00 元

前言

PREFACE

依托于互联网带来的信息便利和开源精神，AI 技术正处于爆发式增长的转折点。在图像生成领域，AI 已经开始逐渐走向实际应用，由此也引发了一些不必要的忧虑。普通从业者们对 AI 技术的态度开始从观望、期待转向恐惧以及担忧。其实 AI 工具也只是众多工具的一类而已，它在本质上实现的还是人对于设计的理解和运用，所以对 AI 替代人类的担忧并不会有实际意义，被 AI 所替代实际上是被能熟练掌握与运用 AI 工具的其他人所替代。

工具是放大生产力的杠杆，AI 工具既然比传统工具更能放大我们的工作效率，那我们有什么理由拒绝它呢？可以预见的是，伴随技术的不断革新，AI 工具对于效率的放大也将不断加倍，正如人们所期待的"第三次生产力的革命"。

本书致力于让读者可以从零基础开始学会 AI 工具，实现人工智能技术在设计领域的实际应用。在书中我们不会探讨过多的原理与算法，您可以将本书视为 AI 工具的使用手册或操作说明。希望本书可以在应用层面，对读者利用 AI 工具工作和学习，产生有效的帮助。需要说明的是，随着 AI 技术不断革新，本书内容所展示的参数也可能会发生变化，但是设计和调节的逻辑不会改变。读者可以在参数上理解 AI 工具到底是根据什么来进行生成画面的调节，并且可以形成自己独有的调节逻辑。

目 录
Contents

第1章 AIGC背景

第2章 认识Stable Diffuion

第3章 Midjourney的使用

第4章 室内、建筑设计中Stable Diffuion模型训练与微调概念

第5章 利用建筑线稿出AI效果图

第6章 发展形式与核心竞争力

第1章 AIGC 背景

1.1 AIGC 概念与发展

1.1.1 AIGC 的概念

AIGC 是"Artificial Intelligence Generative Content"的缩写,可以翻译为"人工智能生成内容",它区别于传统的 UGC (用户生成内容) 或 PGC (专业生成内容) 的内容生成方式,可以通过人工智能技术自动进行高质量、高效率的文本、图像、视频、音频等多元类型的内容生成。这个概念一直默默伴随人工智能的技术革新和发展。

最早可以追溯到 1957 年莱杰伦·希勒 (Lejaren Hiller) 和伦纳德·艾萨克森 (Leonard Isaacson) 完成了历史上第一部由计算机创作的音乐作品。

1.1.2 AIGC 在图像生成领域的发展历史

1973 年,哈罗德·科恩 (Harold Cohen) 发布了电脑程序"AARON"控制一个机械臂来作画。

2006 年,西蒙·科尔顿 (Simon Colton) 开发出 The Painting Fool,模拟物理绘画的过程,通过提取照片里的块状颜色信息,使用自然介质如油漆、粉彩和铅笔等进行创作。

2012 年,Google 的吴恩达和 Jef Dean 联手训练了一个当时世界上最大的深度学习网络,用来指导计算机画出猫脸图片如右侧图所示。

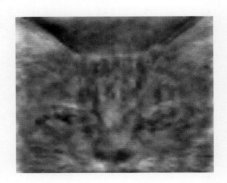

2014 年，古德费洛（Goodfellow）等人提出深度学习模型 - 对抗生成网络（GAN），大大推动了 AI 绘画的发展。

2015 年，Google 开源了一个图形项目—Deep Dream 并为其作品专门策划了一场画展。

Dickstein 等人受非平衡热力学启发，提出一种扩散概率模型 DPM（Diffusion Probabilistic Models）。

2017 年，Facebook 联合罗格斯大学和查尔斯顿学院艺术史系在原有的 GAN（生成性对抗网络）的基础上重新设计，制作出一套名为 CAN（创造性对抗网络）的新模型，生成极富创造力的抽象艺术品。

2018 年，法国艺术团体 Obvious 使用 GAN 生成的 AI 画《Edmond de Belamy》在佳士得拍出 43.25 万美元如右侧图所示。

2020 年, Ho 等人在 DPM 模型基础上提出去噪扩散概率模型 (DDPM)。

2021 年, OpenAI 团队开源了新的深度学习模型 CLIP (Contrastive Language-Image Pre-Training) 并发布图像生成引擎 DALL-E。

2022 年, 由 Somnai 等几个开源社区的工程师做出了 Disco Diffusion, 这是第一个基于 CLIP +Diffusion 模型的实用化 AI 绘画产品。

同 年 由 Disco Diffusion 的核心开发参与建设的 AI 生成器 Midjouney 正式发布并有作品在比赛中获奖。

随后 Stability AI 发布并随后开源了 Stable Diffusion 模型，用户开始爆炸式增长。

2023 年，张吕敏等人提出 ControlNet 将 SD 推向可商业化应用。

MIT 联合 Google 发布 DragGAN 基于新的 StyleGAN2 架构宣告对抗神经网络 (gan) 在运动监督和点跟踪方向有所突破。

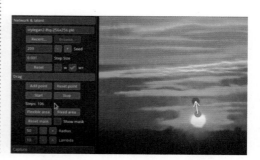

这里影响最深远的两个图像生成模型分别是 GAN（生成性对抗网络）和 DPM（扩散概率模型），本书旨在让读者对 AIGC 生图产生简单的理解和零基础的应用，所以并不会对原理做过于深入的解读，但在这里需要向大家普及 AIGC 生成图像与人类生成图像最本质的区别：人类生成的图像由点、线、形状、色块等概念来组成，而 AI 生成的图像方式完全由无数像素排列组成。

1.2　AIGC 生成图像原理

这部分的内容并不会影响后续内容的阅读和简单操作，如果你想更好地使用 AIGC 生图工具，请继续阅读并对理论有基本了解。

1.2.1　简单的类比

为了更好地理解原理，我们先做三个想象。

❶ 你和你的朋友分别是一位画家和一位鉴定师，画家负责画出一幅名画的赝品来卖钱，鉴定师负责判断画作的真假。在训练过程中，鉴定师会不断指出画作假在哪里，画师得知后会不断调整

自己的画画策略,使赝品更接近真画。通过不断的博弈和学习,两人的水平都会得到提升。

❷ 你买回来一副完整的风景拼图,然后将它随机拆散成碎片,再通过包装上的风景图片,一步一步将它复原的过程。

❸ 你买回来几组乐高模型,然后将它们全部拆散,再通过乐高的说明和自己的想法,将它们拼成不同模型的过程。

这三个过程其实分别类似 GAN、Diffusion、Stable Diffusion 的生成模型理论。

生成性对抗网络 (Generative Adversarial Networks, 简称 GAN) 由深度学习领域的大师 Ian Goodfellow 等人在 2014 年提出。GAN 的理论基础是经济学方面的最小二乘估计 (Least Squares Estimation, 简称 LSE) 和博弈论。这是一种无监督学习的生成模型,其核心思想是让两个神经网络通过相互博弈的方式进行学习。

GAN 由两个神经网络组成: 生成器 (Generator) 和判别器 (Discriminator)。生成器负责生成样本,判别器负责判断样本的真假。

在训练过程中,生成器生成的样本会经过判别器的判断,判别器会给出真实样本和生成样本的概率值,并将这些概率值反馈给生成器,生成器会根据反馈信息不断调整自己的生成策略,使生成样本更趋近于真实样本。而判别器也会不断训练自己,使自己更加准确地判断真实样本和生成样本。

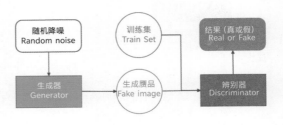

对于 GAN 我们在此不做过多讨论,因为我们使用的工具都基于 Stable Diffusion 模型进行图像生成。

1.2.3 Diffusion

扩散模型（Diffusion Model）的灵感来自非平衡热力学。相关学者定义了一个扩散步骤的马尔可夫链（概率论），以缓慢地将随机噪声添加到数据中，然后学习反转扩散过程以从噪声中构建所需的数据样本。

扩散模型由两个部分组成：

第一个部分是向前扩散过程，即从清晰的图像开始，逐渐为图像添加噪声；

第二个部分是反向扩散过程，即从一个具有高噪声水平的图像开始，去除图像中的噪声，直到生成逼真的图像。

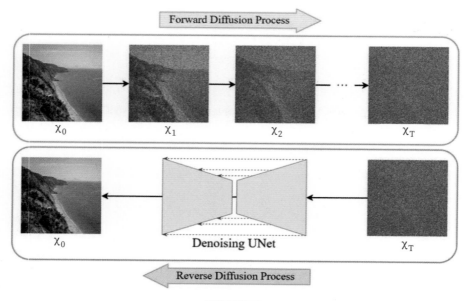

扩散模型概述

在向前扩散过程中，我们可以使用封闭形式的公式来完成计算，但因为噪声具有随机性，所以反向扩散过程不能直接用公式表达，于是需要引入一个经过训练的图像神经网络模型（作用于U-Net 层）来完成反向扩散。

1.2.4　Stable Diffusion

稳定扩散 (Stable Diffusion, 简称"SD") 的产生是为了解决 Diffusion 模型扩散速度过慢的问题, 稳定扩散本来的名称是"潜空间扩散模型" (LDM)。就是指它的扩散过程产生在潜在空间中, 由于潜空间是一个低纬度空间, 这使它比纯扩散模型更快计算出扩散结果。

但这需要在原结构基础上引入变分自编码器 (Variational AutoEncoder) 来对潜在空间进行建造, 用于图像在进入和推出潜空间时进行压缩和还原。

同时稳定扩散还增加了一个文本神经网络 (ClipText) 作为调节变量, 它具备根据文本内容生成图像内容的功能, 将人类语言转换成机器能理解的数学向量, 映射到 U-Net 层与原来的图像神经网络一起作为输入条件对图片结果进行调节。至此稳定扩散成为一个有三个神经网络组件构成的复杂的扩散模型。

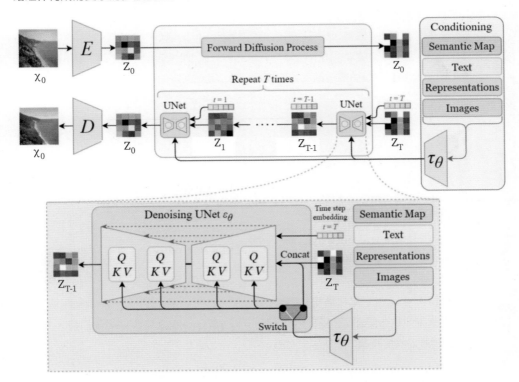

这样通过 Stable Diffusion 生成图片的过程如下:

❶ 先将图片 A 压缩进入潜空间处理;

❷ 由文字和图像根据经过训练的内容通过神经网络进行噪声调节;

❸ 从潜空间中将其还原成图像 B。

如果你现在还无法理解也没有关系，伴随着你对 AIGC 工具的使用，这个过程会体现在参数调节、模型选取、文本描述等方方面面。

1.2.5 ControlNet

ControlNet 直译为"控制网络"，是张吕敏在 2023 年 2 月发布的。它诞生的意义就跟它的名字一样，为了"控制"而生。

它很巧妙地在 SD 主干网络之外增加了一个神经网络参与到图像的扩散进程中，让我们能使用更多的条件来控制扩散模型。如同科幻小说中的人穿上了外置骨骼装甲，虽然本质上还是人，但是能发挥的能力完全不一样了。

它将全新的输入条件（通常为预处理器生成）加载到不同的模型中进行推理，并将推理结果插入被锁定的 SD 主干模型结果中，在不会破坏原有的扩散模型的基础上实现了结果的可控推理。

它所使用的模型大多是功能性质的推理模型，用以实现不同输入条件的图像推理。由于推理模型的功能差异较大，所以经常需要通过对应的预处理器生成有效的输入条件。

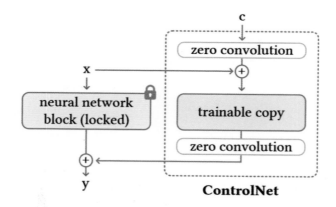

1.3 当下主流 AI 室内设计软件简析

1.3.1 Arko AI

Arko AI 是一款基于 SD 技术的渲染器,以插件形式安装在 Rhino、Revit 和 SketchUp 中。目前处于初级阶段,支持免费使用。

〈网址: https://arko.ai/ 〉

1.3.2 Room GPT

自己上传照片,选用 8 种以上不同的主题重新进行设计,并通过基于 ControlNet 的 ML 模型来变化图片,支持免费使用。

〈网址: https://www.roomgpt.io 〉

1.3.3 Vega AI

Vega AI 是国内的 AI 创作平台，支持文本生成图片、图片生成图片等功能，实际是直接在云端重新封装了 SD，简化了一些设置，对新手更友好。

〈 网址：https://rightbrain.art/ 〉

1.3.4 无界 AI

无界 AI 是一个国内多功能整合 AI 平台，提供包括 prompt 搜索、AI 图库、AI 创作、AI 广场等多种服务。其 AI 创作功能也是通过云端封装 SD 功能来实现的。

〈 网址：https://www.wujieai.com 〉

1.3.5 Midjourney

Midjourney 是由 Disco Diffusion 的原作者 Somnai 开发的 AI 艺术项目实验室。他们的网站将其描述为"一个独立的研究实验室，探索新的思想媒介，扩大人类的想象力"。其出色的生图效果和不开源的模型吸引来无数用户。平台依托于 Discord 使用，用户可以输入关键词，系统将返回相应的作品图。要特别注意：必须付费后才可以使用。

< 网址：https://www.midjourney.com/ >

1.3.6 Stable Diffusion Web UI

Stable Diffusion Web UI 是由 AUTOMATIC1111 开发的一个基于 Stable Diffusion 的开源应用，利用 Gradio 库搭建出交互程序，可以在浏览器界面中使用 Stable Diffusion 模型来生成图片。由于其具有开源特性和本地化特性，因此已经成为目前最广泛使用的 SD 软件产品。

< 网址：https://github.com/AUTOMATIC1111/stable-diffusion-webui >

 总结

　　纵观目前 AI 图像处理应用，绝大部分都是在 Stable Diffusion 技术上实现的，所以本书后续会结合实际设计工作场景，重点讲解 Stable Diffusion Web UI 和 Midjourney 的使用方法。

第2章 认识 Stable Diffuion

2.1 SD 介绍以及插件、模型说明

2.1.1 什么是 SD

目前各种文章中提到的 Stable Diffusion（简称 SD）其实衍生出了三种概念。

① 用来指代稳定扩散（Stable Diffusion）技术，如 Midjourney 是基于 Stable Diffusion 技术实现的就是指它运用了 Stable Diffusion 的技术原理。

② 用来指代 StabilityAI 的大模型，这个模型是 StabilityAI 公司发布并提供开源使用的，目前已经有了 SD1.5、SD2.0、SDXL 等不同的版本。

③ 用来指代 SD Web UI，这个程序是 A1111 开源给大家使用的，它的出现大幅降低了通过 SD 技术实现图像生成的使用门槛。无数人前仆后继基于它做二次开发，其也是目前最广泛使用中的 GUI 页面。本书重点在这个 GUI 版本上为大家讲解 SD 生图的使用，其他的 ComfyUI、InvokeAI、Vladmandic 版本原理和参数都与之类似。

总体来说，我们需要结合上下文区分一下"SD"所指实际含义，而大部分情况下大家所说的"SD"实际上是 AI 图像生成的综合工具 SD Web UI。基于 Gradio 的优势，它在搭建、扩展、多平台适配上都非常方便和实用，同时因为开源和使用人数的优势，所以基本上新开发的技术都会迅速有其他人对它进行二次开发的插件化的移植。

2.1.2 重要插件简介

① 最重要的插件 Controlnet，它改变了扩散模型难以控制的问题，赋予了 SD 可以应用在实际业务中的能力，这也是当前 SD 区别 MJ 的重要部分。它出色地解决了扩散过程中稳定控制的问题，也是吸引无数人前仆后继投入 AI 的重要原因之一。

< 安装地址：https://github.com/Mikubill/sd-webui-controlnet.git
< 国内镜像地址：https://gitcode.net/ranting8323/sd-webui-controlnet.git

② 翻译插件可以解决 GUI 页面功能文本中英文的理解问题，推荐使用双语版本，因为有些不同的中文插件翻译结果并不一致，有时候会导致学习使用中出现"找不到，看不懂内容"的问题。由于设计行业有时候使用的插件太小众或太新，所以插件翻译并不能完全覆盖需要翻译的内容。

< 安装地址：https://github.com/VinsonLaro/stable-diffusion-webui-chinese
< 国内镜像地址：https://gitcode.net/mirrors/vinsonlaro/stable-diffusion-webui-chinese.git

③ Dreambooth 插件主要用于后面的 Dreambooth 模型训练，其可以帮助我们训练个人或者公司的商用大模型，这部分介绍会在第四章进行详细说明。需要注意的是，显存小于 10G 就没有必要安装插件了，因为它在实际生图作业中并不需要，而且训练需要 10G 以上显存才能运行，同时它会减慢 Web UI 启动的速度，所以在不训练的情况下也不需要安装。

< 安装地址：https://github.com/d8ahazard/sd_dreambooth_extension.git
< 国内镜像地址：https://gitcode.net/ranting8323/sd_dreambooth_extension.git

④ 放大插件可以帮助我们将完成的效果图片进行分辨率的放大，SD 本身自带的分辨率放大会受限于显存大小，这些放大插件可以帮助我们跳出这个限制。有关于图片放大操作，将在后续做详尽说明。

< 安装地址：
https://github.com/pkuliyi2015/multidiffusion-upscaler-for-automatic1111.git
https://github.com/pkuliyi2015/sd-webui-stablesr.git
https://github.com/Coyote-A/ultimate-upscale-for-automatic1111
< 国内镜像地址：
https://gitcode.net/ranting8323/multidiffusion-upscaler-for-automatic1111.git
https://gitcode.net/ranting8323/sd-webui-stablesr
https://ghproxy.com/https://github.com/Coyote-A/ultimate-upscale-for-automatic1111.git

⑤ Tagger 反推插件可以帮助我们快速定位一些图片的 prompt，同时也可以用在模型训练过程中准备训练素材方面，为图片批量生成 tag 标签。

< 安装地址：https://github.com/toriato/stable-diffusion-webui-wd14-tagger.git
< 国内镜像地址：https://gitcode.net/ranting8323/stable-diffusion-webui-wd14-tagger.git

⑥ 模型插件可以帮助我们根据自己的需要进行模型调整和合并。

< 安装地址: https://github.com/Akegarasu/sd-webui-model-converter.git

< 国内镜像地址: https://gitcode.net/ranting8323/sd-webui-model-converter

⑦ Lycoris 插件可以让我们像使用 Lora 模型一样使用 Lycoris 模型。

< 安装地址: https://github.com/KohakuBlueleaf/a1111-sd-webui-lycoris

< 国内镜像地址: https://gitcode.net/ranting8323/a1111-sd-webui-lycoris.git

2.1.3 安装插件基本方法

1. 以下用 Dreambooth 插件举例。
点击"扩展插件"选择"从网址安装"。

2. 然后在下图的"扩展的 git 仓库网址"一栏输入 git 地址, 再点击安装, 这样 SD 就会自动下载安装了。

3. 等待安装按钮下方出现提示如下。

4. 这就代表安装下载已经完成, 文件被保存到了红框所提示的地址, 这个时候我们需要再进行一次重启, 点击"已安装"标签再点击"应用并重启用户界面"。

5. 等待页面重启完成后会发现插件出现。

需要注意的是, 不同插件在 Web UI 中的位置和使用方法都不相同, 而且许多插件需要本地环境和模型等其他条件配合才可以使用, 具体可以参考插件网址内的说明文件。

2.1.4 模型说明

此处将要对模型进行说明，模型具体分为两类，第一类是 SD 本身使用在图像生成推理过程中用到的模型，第二类是之前提到的 Web UI 插件在使用过程中需要用到的功能模型。

图像生成模型具体分为以下几种。

1. 底模型

功能：底模型是对生图效果影响最大的模型，是指存放着模型的权重参数的文件，它基本都是由机构使用大量图片和算力进行训练（如我们常用的 SD1.5 模型）。但是由于 Dreambooth 这种训练方式微调了整个模型权重，所以生成的模型同样携带全量参数，也

可以当作底模型来使用，通常大小是 2~7G，文件后缀为 .checkpoint（简称为 .ckpt）或 .safetensors。

.ckpt 文件是用 pickle 序列化的，有包含某些恶意代码的可能，如果模型来源不能够被信任，加载 .ckpt 文件可能会危及电脑安全。

.safetensors 文件是用 numpy 保存的，它只包含张量数据，没有包含任何代码，所以加载 .safetensors 文件不需要担心安全问题。

存放路径：\models\Stable-diffusion

模型应用：在页面的左上角第一项可以切换，正常启动 SD 需要在本地至少有一个底模型。

2.VAE 模型

功能：还记得 SD 原理中的变分自编码器（VariationalAutoencoder）吗？VAE 的作用就是参与 AI 的图片进出潜空间的处理和还原，就训练来说，我们主要将 VAE 中编码器(encoder)用于将图像转到潜空间，就生成来说，我们主要

将 VAE 中解码器(decoder)用于从潜空间解码，简单说就是把 AI 生成的图转化为人能看懂的图片。通常有问题的 VAE 生成出来的图片色彩会偏灰。

存放路径：\models\VAE

模型应用：在页面的左上角第二项可以切换，正常启动 SD 需要在本地至少有一个 VAE 模型。

3.Lora 以及变种

功能: Lora 采用的方式是向原有的模型中插入新的数据处理层, 通过矩阵分解的方式, 微调少量参数, 在底模型上附加产生效果。几经演变, Lora 改进后还有 LoHa、LoCon 等变种模型。通常大小为几兆到几百兆。

存放路径: \models\lora 或者 \models\LyCORIS

模型应用: 点击页面"生成"按钮下方小画片按钮, 在出现的标题栏进行选择即可。

4.Embedding 模型

功能: Embedding 是通过训练新词在分词器中被转化为的向量的方式来完成对生图的影响的, 你可以将它的模型理解为关键词的打包。通常大小为几十 KB(千字节), 后缀为 .pt 或 .safetensors 或 .bin。

存放路径: \embeddings

模型应用: 点击页面生成按钮下方小画片按钮, 在出现的标题栏进行选择即可。

5.cn 预处理器模型

功能: cn 预处理器模型的功能是将我们上传给 cn 的图像转化为 cn 模型可读取的输入条件。模型下载地址为 https://huggingface.co/lllyasviel/Annotators/tree/main, 需要注意的是如果 cn 检测到本地没有预处理模型会自动联网下载, 此时需要有"魔法"支持, 否则会报错。

存放路径: \extensions\sd-webui-controlnet\annotator

6.cn 插件模型

功能: cn 插件模型顾名思义就是给 cn 插件使用的模型, 它将配合 cn 的输入条件参与到 SD 生图的过程中实现模型对应效果的控制。模型下载地址为 https://huggingface.co/lllyasviel/ControlNet-v1-1/tree/main, 需要 .pth 和 .yaml 保持一致下载存放。

存放路径: \models\ControlNet

7. Tagger 反推插件模型

功能：Tagger 反推插件同样需要模型支持，它将配合我们上次的图片进行提示词的识别和推理，一般推荐使用 wd14-vit-v2-git。模型下载地址为 https://huggingface.co/SmilingWolf/wd-v1-4-swinv2-tagger-v2，如果检测到本地没有所选模型插件会自动联网下载，此时需要有"魔法"支持，否则会报错。

8. 放大算法模型

这类模型主要用于后面我们介绍的各种图像放大功能插件进行图像的放大，一般 Web UI 已经整合自带了常用的放大算法模型，如果模型有缺失，可以在 https://upscale.wiki/wiki/Model_Database 查看下载，并将其放入 \models\ESRGAN 文件夹。

如果要使用 StableSR 进行放大，需要使用 SD2.1 模型（下载地址 https://huggingface.co/stabilityai/stable-diffusion-2-1-base/tree/main），并且下载 StableSR 模块 https://huggingface.co/Iceclear/StableSR/blob/main/webui_768v_139.ckpt（约 400MB）放入 \extensions\sd-webui-stablesr\models 文件夹中。

 总结

这节我们主要介绍了在设计过程中可能需要用到的插件和模型，做好这些准备工作可以让后续的说明内容做到与页面效果统一。

2.2 SD 操作界面和基础设置

2.2.1 需要修改的配置

1. 在初次使用时, 我们首先需要调整一些配置以便更好地使用 Web UI。

首先, 将页面调整为中文, 点击"Settings"。

2. 左侧点击"User interface"界面。

3. 在界面里最上方的"Localization(requires restart)", 选择"Chinese-All"或者"Chinese-English", 点击界面最上方的黄色按钮"Applysettings", 再点击右侧的"Reload UI"即可完成汉化。

4. 其次, 调整页面展示 VAE 模型和 CLIP 跳过参数, 同样在"User interface"界面中下拉找到"Quicksettingslist", 这里需要点击增加选择"SD_VAE"和"CLIP_stop_at_last_layers"。

5.点击界面最上方的黄色按"Applysettings", 再点击右侧的"Reload UI"即可完成设置, 此时 Web UI最上方会出现"SD VAE"和"Clip skip"两个新选项。

6. 最后，调整一下 cn 数量，左侧点击
"ControlNet"界面。

7. 找到"Max models amount"项进行修
改，这里调整为 4 个。

8. 点击界面最上方的黄色按钮"Applysettings"，再点击右侧的"Reload UI"即可完成设置，
此时 cn 插件会出现 4 个可供使用的输入项。

2.2.2　Web UI 页面介绍

之前说过 Web UI 主要是开发出来针对 SD 模型生图使用的 UI 页面，实际上生图过程还是
最初的 CMD 窗口。

所以千万不要关闭它，网页 GUI 只是方便我们进行调节和操作而已。

大体上 GUI 可以分为以下几个区域。

1. 顶部区域: 用于调节底模型

Stable Diffusion checkpoint: 用于底模型的选择, 每次选择不同模型后需要重新加载等待如右侧图所示。

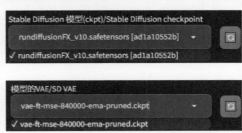

SDVAE: 用于 VAE 模型的选择, 需要配合底模型进行使用以保证最终生图效果如右侧图所示。

Clip skip: 用于调节 Clip 跳过层数, 在 Clip 网络将自然语言转化为向量时可以选择跳过某些层, 需要结合底模型和 Lora 进行调节, 原则上跳过层数越多, 语意丢失越严重。一般只在 1 或 2 进行调节如右侧图所示。

2. 标签区域: 用于不同功能的选择

本节后面将逐一进行介绍。

3. 调参区域: 用于不同功能的参数调节

4. 支持区域: 用于确认 Web UI 版本和环境版本

API · Github · Gradio · 重新加载WebUI/Reload UI

version: v1.3.2 · python: 3.10.7 · torch: 2.0.1+cu118 · xformers: 0.0.19 · gradio: 3.32.0 · checkpoint: e6415c4892

本书将基于 Web UI 的 V1.3.2 版本进行介绍, 即使后续有版本迭代变化, 依然可以根据功能和参数使用新版本进行生图。

2.2.3 文生图

提示词 / Prompt 和反向提示词 /Negative prompt

正向和反向提示词可用于输入自然语言文本。正向提示词指导生成想要的内容, 反向提示词用于指导不想生成的内容。后续将转化为条件向量到 unet 层。

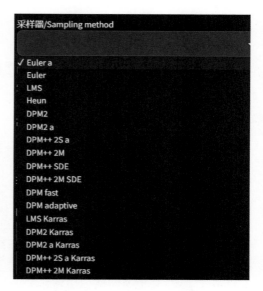

采样器 / Sampling method

用于引导图像降噪计算并返回样本, 不同的方法会产生不同效果。其中名称带 a 的和带 SDE 的采样器会受设置中的 eta 参数影响, eta 参数不为 0 时(默认)有自动收敛的效果。

比较推荐的采样器如下:

Euler a

简单常用的采样方法, 会自动收敛所以不需要设置过高步数。

DPM adaptive

自适应步长采样方法, 不知道跑多少步就用这个, 缺点是步数不可控跑起来很慢。

DPM++2M Karras

兼顾质量和速度, 可以快速得到优秀结果。

DPM++2M SDE Karras

质量和速度很优秀, 会自动收敛所以不需要设置过高步数。

DDIM

官方采样方法, 收敛快, 适合在重绘时使用, 但效率相对较低, 需要很多步数才能获得好的结果。

UniPC

目前最新采样器, 速度非常快, 10 步就可以获得不错的结果, 支持更多复杂的设置内容。

Euler a　　　DPM adaptive　　　DPM++ 2M Karras　　　DPM++ 2M SDE Karras　　　UniPC

采样步数 / Sampling steps

采样步数与采样方法关乎最后的生图效果和生图所用时间, 每次采样相当于对原始图像进行了一次去噪运算。需要根据采样方法在 10~70 调节。

如果想要更高分辨率的图片则需要使用放大图片的其他方法。

宽、高 / Width Height

用来规定生成图片的尺寸, 尺寸越大对显存要求越高, 当出图尺寸太大时, 图中可能会出现多个提示词描述的主体, 所以在使用 SD1.5 的模型包括以 SD1.5 训练的 DB 模型时, 尺寸单边大小应该尽量接近 512px, 对于 SD2.0 及以后的模型来说, 尺寸单边大小应该尽量接近 768px。

提示词引导系数 / CFG Scale

用来调节提示词对扩散过程的引导强度。增加这个值将导致图像更接近提示, 但它也在一定程度上降低了图像质量, 可以用更多的采样步骤来抵消。比较合理的数值一般为 6~10, 支持非整数设置。

高清修复 / Hires.fix

开启后模型首先按照指定的尺寸生成一张图片，然后通过放大算法将图片分辨率扩大，以实现高清大图效果，最终分辨率为原尺寸乘放大倍率，后续会详细讲解。

图像生成种子 / Seed

Seed 决定生成时潜在空间生成的随机噪声，理论上，在应用完全相同的其他参数下，相同种子生产的图片应当完全相同。

Seed 值为 -1 时代表随机生成一个 Seed，每次生图后可以点击绿色按钮固定种子，点击骰子按钮可以将种子数还原为随机数值 -1。

有趣的功能是可以设置一个差异种子，然后通过调节强度在两个种子效果之间得到一个平衡的结果。

生成次数和每次数量 / Batch count、Batch size

点击生成按钮后最终生成图片数 ="生成次数"×"每次数量"，但是每次数量越大，对显存要求越高。

需要注意的是，每次数量指定种子后，第二张图的种子将会是当前种子数 +1，第三张以此类推，但生成次数只有第一批会使用指定种子，后续将会使用随机种子。

每次数量如果指定了种子变异，第二张图的种子不会变，但是种子变异的数值将会是当前种子变异数 +1，第三张以此类推。

生成按钮 / Generate

点击后开始根据参数生成图片，在生成过程中可以手动停止，中止和跳过差异不大。

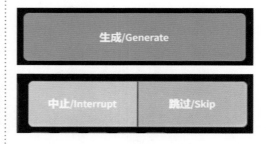

生成按钮　下方小按钮功能：

第一个按钮用于回收上次生图的全部参数设置（包括种子数）；

第二个按钮用于清除当前 prompt 内容；

第三个按钮用于展示额外模型；

第四个按钮则是将当前 styles 栏中选中的预设填入 prompt，预设内容在 Web UI 根目录下的 styles 文件中；

第五个按钮用于将当前 prompt 内容保存为预设，可以从下方的 styles 栏中调用。

插件部分

　　Tiled Diffusion 和 VAE 插件用于图像放大，将在后续进行专门介绍。

　　ControlNet 用于图像控制，将在后续进行专门介绍。

脚本 / Script

　　这里主要介绍 X/Y/Z plot

　　X/Y/Z 可以创建具有不同参数的多个图像网格。X 和 Y 用作行和列，而 Z 网格用作生成批次。

　　X 类型、Y 类型和 Z 类型字段选择应由行、列和批次使用的作为参数项，并规定这些参数项的取值范围，以英文逗号分隔输入。

　　当参数项为"PromptS/R"时，取值的第一项必须为 prompt 中有且唯一的文本（这个参数同样适用于 Lora 的调用）。

　　当取值范围为数值时，数值支持整数、浮点数和范围。

　　格式书写可以用不同方法表达，举例如下。

> 范围：

1-4=1,2,3,4

> 方括号内包含计数的范围：

1-10[5]=1,3,5,7,10

0.0-1.0[6]=0.0,0.2,0.4,0.6,0.8,1.0

> 括号中带有增量的范围：

1-7(+2)=1,3,5,7

10-6(-3)=10,7

1.5-3(+0.5)=1.5,2,2.5,3

生图结果如下：

2.2.4 图生图

由于图生图与文生图有很多参数和选项是一致的，所以此处只列出差异的项进行说明。

① 反向推导提示词

反向推导提示词即输入一张图片，输出尽可能还原输入图像的提示词在图生图的 prompt 栏中。Web-UI 提供了两种推导模型，分别是 CLIP 和 DeepBooru。

CLIP 模型是一个结合人类语言和计算机视觉的模型，它的存在意义就是为了帮助我们进行从文本到图片，或者从图片到文本的对应。它推导的结果是自然语言描述

类似 "a living room with a couch, coffee table and bookcases in it and a large window with a view of the outdoors, An Zhengwen, unreal engine 5 highly rendered, a digital rendering, photorealism"，生成速度慢。

DeepBooru 则是图像标签估计系统，它推导的结果是单词组成的标签，类似"window, no_humans, scenery, box, indoors"，生成速度较快。

② 功能选择栏

提供图生图不同的功能选择。

图生图：最基础的图生图功能，上传的图像会被应用到后续的图像生成过程。

涂鸦绘制：允许在上传的图像上进行涂鸦，并根据涂的结果生成新的图像。

局部绘制：允许用户指定在图像中特定区域进行修改，而保证其他区域不变。

局部绘制（涂鸦蒙版）：用户涂鸦的部分不仅表示重绘区域，涂鸦的形状和颜色还会成为图像生成的内容来源。

局部绘制（上传蒙版）：多上传一张图片作为蒙版，不需要手动进行重绘区域的涂鸦。

缩放模式 / Resize mode

提供四种图像处理方式用于上传图片的处理。

重绘强度 / Denoising strength

表示上传图像和生成图像的差异强度，需要注意的是，默认情况下在重绘强度较低的时候，实际采样步数会下降，具体公式为实际采样步数等于重绘强度乘设置的采样步数。

脚本 / Script

图生图比文生图多出的脚本主要用于图像放大，将在后面详细讲解。

以下部分仅展示插件名称与界面，详细使用将在后面讲解。

2.2.5 高清化 /Extras

高清化主要用于图片放大。

2.2.6 图像信息 /PNG Info

图像信息用于 SD 原生图像的信息提取，注意如果一张图像经过处理，那生图信息可能会丢失导致无法提取相应的 SD 参数，大部分模型作者会提供一张参考图用于模型参数的使用参考，需要在这个功能页面查看图像的生成参数。

2.2.7 模型合并 Checkpoint Merger 和 Model Converter

Checkpoint Merger 和 Model Converter 主要用于模型的融合与调整。

将两个模型权重的加权和作为新模型的权重,仅需要填入模型A和B,公式:A*(1-m)+B*M,倍率M为模型B所占比例/A weighted sum will be used for interpolation. Requires two models; A and B. The result is calculated as A * (1 - M) + B * M

主要模型(A)/Primary model (A)　　　次要模型(B)/Secondary model (B)　　　第三模型(C)/Tertiary model (C)

自定义名称(可选)/Custom Name (Optional)

乘数(M)-设为0得到A模型/Multiplier (M) - set to 0 to get model A　　0.3

插值方法/Interpolation Method

○ 无插值/No interpolation　　● 加权和/Weighted sum　　○ 加上差值/Add difference

模型格式/Checkpoint format　　　□ 以float16半精度保存/Save as float16　　☑ Save metadata (.safetensors only)

● ckpt　　○ safetensors

复制...模型配置/Copy config from　　　使用以下VAE校正:/Bake in VAE

● A, B or C　　○ B　　○ C　　○ Don't　　None

放弃与下列名称匹配的权重/Discard weights with matching name

开始合并/Merge

2.2.8 训练 /Train

训练功能页中实际应用到的功能主要是图像的预处理和训练 Embedding 模型。

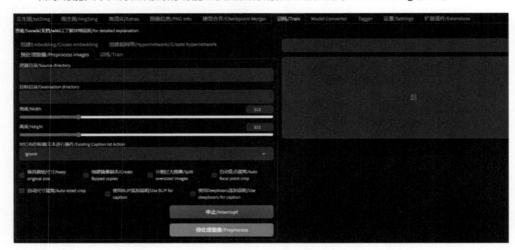

2.2.9 插件 /Tagger

Tagger 插件也适用于反向推导提示词，它可以使用更优质的模型帮助我们进行图片到文本的倒推，生成结果与图生图页面 DeepBooru 反向推导类似，是由单词组成的标签。这里介绍单个图像的处理参数，批量处理适用于模型训练。

反向推导器 / Interrogator

选择反向推导的模型，推荐使用 wd14-vit-v2-git，初次使用时会自动下载模型文件。

阈值 / Threshold

代表反推过程中对词和图片的敏感程度，数值过高推导出来的标签不全，数值过低推导出来的标签容易太多且不准确，推荐在 0.4~0.7 调节。

其他可勾选选项按字面意思理解即可，推荐勾选便用空格代替下划线和运行后卸载模型。

图片上传和反推按钮

点击上传需要反推的图像，点击反向推导按钮生成推导结果。

正常推导结果：

"no humans, scenery, plant, couch, window, table, potted plant, indoors, lamp, chair, pillow, flower pot, cup, wall, shadow, book"

卸载所有反向推导模型 / Unload all interrogate models

推导结束后我们需要注意点击卸载所有反向推导模型来释放显存，不然模型会在 GPU 中一直占用显存资源。

点击按钮后显示"Successfully unload 0 model(s)"表示卸载成功。

这节我们主要介绍了 SD 使用中的基本设置和各个不同功能页面的参数，接下来我们将针对 SD 在设计过程的生图操作进行详细讲解。

2.3 室内设计中 SD 的文生图与提示词

经过之前的讲解，我们已经对 SD WebUI 的功能页面有了初步的认识，现在我们开始尝试用 SD WebUI 进行简单的文字到图片生成流程。

2.3.1 提示词工程

对 AI 生图最基础的使用就是通过输入一段文字来生成图片，我们将这段文字称为"提示词"，也就是"prompt"。提示词工程是一种构建文本结构并使其可以被 AI 模型理解的过程，可以将它看作是一种让 AI 理解需要绘制的内容的语言，我们可以从以下几个问题开始构建最基本的提示词。

1. 这个图片中的主要场景是什么？例如：卧室。

2. 这个图片中出现的物品有什么？例如：床，窗户，镜子，床头柜，床头灯，摆件，闹钟。

3. 这个图片中出现的光影如何？例如：中午强烈的日光。

4. 这个图片中展现的视角如何？例如：半俯视。

5. 这个图片中展现的色彩如何？例如：暖黄色。

综上，我们经过思考后得出一个如下的文字内容："一间卧室，摆放着床，窗户，镜子，床头柜，床头灯，摆件，闹钟，整体颜色是暖黄色，有中午强烈的日光照射，半俯视的画面视图"。我们将其翻译为英文：

> "a bedroom, placed bed, window, mirror, bedside table, bedside lamp, decoration, alarm clock, the overall color is warm yellow, there is strong clock, the overall color is warm yellow,there is strong sunlight at noon, half overlooking the picture view"

然后我们将其输入"正向提示词"的输入框里，就可以点击右侧的"生成"按钮出图了。

这里注意，在其他关键参数上都使用了默认的设置，所以 SD 生成了一张这样的图片。

同时这张图片也包含了我们在生成时所使用的关键参数：

"a bedroom, placed bed, window, mirror, bedside table, bedside lamp, decoration, alarm clock, the overall color is warm yellow, there is strong sunlight at noon, half overlooking thepicture view Steps: 20, Sampler: Euler a, CFG scale: 7, Seed: 3668584506, Size: 512x512, Model hash: e1441589a6, Model: sd-v1.5"

这个参数前面是我们的 prompt 内容，后面的"Steps: 20"是指我们的采样步数是 20 步，"Sampler:Eulera"是指我们用的采样方法用的是 Euler a，"CFGscale:7"是指我们的提示词相关性设置为 7，"Seed:3668584506"是指我们本次生成图片的噪声种子数为 3668584506，"Size:512x512"是指我们生成图片的尺寸为 512*512，"Model hash:e1441589a6"和"Model:sd-v1.5"是指我们本次生图调用的 SD 大模型文件。

2.3.2 质量词

针对参数设置在本章节的最后进行说明，现在让我们继续聚焦在文生图最重要的提示词部分，通过图片可发现它的效果好像不太符合我们对"效果图"的要求。这时，我们需要增加一些提示词，让这张图看起来更加真实和有质感，我们可以统称这些词为"质量词"，因为它们并不直接对画面的内容产生影响，只会影响画面所展示的效果。这里可选择添加：

"hyperrealism,HDR,8K,UHD,masterpiece,best quality,super detailed,photorealistic"

翻译成中文为"超写实，高动态范围，8K，超高清，杰作，最好的质量，超细致，逼真"。

为了更好地进行对比，这次锁定了噪声种子（seed），这样我们得到一张这样的图片。

可以看出来，这张图片虽然看起来质量有一些提升，但是还不够让人满意，所以接下来我们尝试在"反向提示词"中增加一些内容，这里我们依然选择增加一些"质量词"，需要注意的是，画面中看到的内容。这些内容可以是质量词，也可以是其他描述词。

"macro, surreal, multiple views, multiple angles, text, watermark, paintings, low res,normal quality,worst quality,low quality,cropped,error,plain background, boring, plain, standard, homogenous, uncreative, unattractive, opaque, grayscale, monochrome, distorted details, low details, grains, grainy, foggy, dark, blurry, oversaturated, low contrast, underexposed, overexposed, low-res, low quality"

这些词翻译过来是"宏观，超现实，多视图，多角度，文本，水印，绘画，低分辨率，正常质量，最差质量，低质量，裁剪，错误，普通背景，无聊，普通，标准，同质，无创意，不吸引人，不透明，灰度，单色，扭曲细节，低细节，颗粒，颗粒状，雾蒙蒙，黑暗，模糊，过饱和，低对比度，曝光不足，曝光过度，低分辨率，低质量"。

2.3.3 提示词数量

这些词同样不会影响画面的内容，同时大家细心的话会发现右上角的计数现在变成了"99/150"，这是因为本次添加的反向提示词已经超过了 75 这个最大限制，这时 SD Web UI 会自动通过对提示词进行分组。不过 prompt 编写需要特别注意的地方：根据 SD 生成图像原理，输入越多的提示词时，每个提示词相对的权重越分散，同时越靠前的提示词作用会越明显。

看看我们本次生成的结果。

2.3.4 提示词权重

我们通过观察画面可以看出图片效果的提升好像并不明显，而且我们最初的画面构建元素慢慢在消失，这时我们需要调整提示词整体的词源数量与权重，具体权重的调节方式如下：

（ ）强度变为 1.1 倍　　　　[ ] 强度变为 0.9 倍　　　　(prompt:XX) 强度变为 XX 倍

> 以下两个例子都是强度变为 1.1 倍：
> (prompt)　　(prompt:1.1)

> 以下两个例子都是强度变为 0.9 倍：
> [prompt]　　(prompt:0.9)

可以使用多个（ ）或 [ ] 来影响强度。

> 例如，多个使用时就是简单的相乘。

　　(prompt)：1.1 倍

　　((prompt))：1.21 倍

　　[prompt]：0.9 倍

　　[[prompt]]：0.81 倍

一般我们最常用的方式还是 (prompt: 强度系数)，其中强度系数的影响程度的范围在 0.1 到 100，但是一般我们在使用时不要超过 2。

于是我们筛选掉一部分"质量词"，同时对一部分词进行权重编辑，最终提示词修改如下：

＜正向词＞

"hyperrealism,HDR,8K,UHD,(masterpiece:1.5),best quality, super detailed, (photorealistic:1.5),(Semi-overhead view of the screen:1.15), a bedroom, placed bed, window, (mirror:1.2), bedside table, bedside lamp, decoration, (alarm clock:1.3), the overall color is warm yellow, (there is strong sunlight at noon)"

＜反向词＞

"text, watermark, paintings, low res, (normal quality),(worst quality), (low quality), cropped,error"

将这两部分提示词填入对应输入框后，生成图片结果如下：

2.3.5 Lora 模型调用

可以看出现在这张图跟我们最初的设定已经比较相符了，这时候我们可以引入一个新的元素"Lora 模型"。有关 Lora 模型的作用原理我们在后面的训练环节会进行重点讲述，目前我们只要了解 Lora 模型可以

通过 prompt 部分进行加载并影响我们最终出图效果即可。在使用 Lora 模型时，我们可以通过直接在正向提示词中写入 <lora: 模型名 : 权重系数 > 的形式进行调用，也可以在"生成"按钮下方通过 Lora 模型按钮打开列表并选取的方式进行调用。

需要注意的是，Lora 模型在训练时决定了它的作用效果，实际使用中最好遵照 Lora 训练作者的说明进行参数设置和大模型选取。这里用一个新中式的 Lora 进行举例，这个 Lora 在大模型"chilloutmix_NiPrunedFp32Fix"上进行训练，所以大模型选择这个模型，同时在提示词中直接调用 Lora 并将其权重调整至 0.7。测试结果其对 768*512 尺寸的图像生成效果较好，采样器还是用 Eulera，步数在 26 左右，我们将提示词相关性调高一点以保证我们想要保持的画面效果。

将这两部分提示词填入对应输入框后，生成图片结果如右侧图所示。

至此，我们就通过文生图功能得到了一张我们满意的效果图。

接下来我们就可以调节生图批次和每批次生图数量，选取最符合我们需要的效果了。这时候也可以将随机种子恢复成 -1 以追求更随机的效果表现。

生图结果如下：

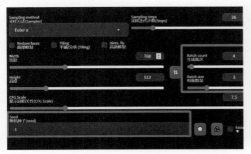

这节我们主要介绍了"文字生成图片"中提示词的构建、质量词的用法、正向反向提示词的输入、提示词权重的调节和 lora 模型的调用。目前习惯使用的质量词：

"(masterpiece:1.2), best quality, super detailed, (realistic), (photorealistic), 8k, sharp focus"和"text, watermark, paintings, sketches, low res, (normal quality), (worst quality), (low quality), cropped,error"

大模型的作者也经常会给出建议的提示词给其使用者进行参考，推荐大家多做尝试以取得最好的效果。

2.4 室内设计中 SD 不同功能的图生图使用

2.4.1 图生图介绍

图生图跟文生图的区别: 文生图是让 SD 通过我们提供的 prompt 进行图像的生成, 就好比甲方给我们提供了文字说明, 让设计师根据需求出图, 这其中会出现传递偏差和错误。那应该如何减少这种偏差, 更准确地出图呢? 在现实情况中设计师可以要求甲方提供一定的参考图, 这可以让设计师更好地理解甲方的想法。同理, 在 SD 中我们也可以通过图生图功能, 给它提供文字之外的图像进行参考。

2.4.2 基本生图

图生图基本生图主要用于在原有图片上进行调整和修改, 具体流程如下:

1. 上传图片

通过点击上传图片或者拖曳上传图片的方式, 将参考图传递给 SD, 看到图片出现在 Web UI 中即上传成功。

2. 填写提示词

在图生图过程中，提示词依然很重要，大家依然可以用文生图一样的方式来填写图生图的提示词，这里不再进行赘述。

3. 调整参数

大部分的参数设置，图生图和文生图基本保持了一致，有区别的参数主要是以下两个参数：

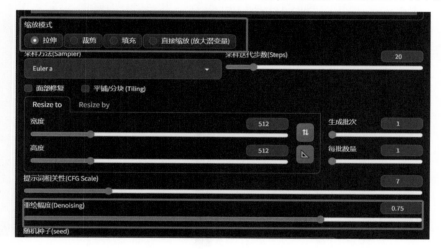

缩放模式

缩放模式主要解决参考图和生成图片设定尺寸不一致的问题，具体不同选项效果如下：

"拉伸"会将参考图改变比例按设定的生成图片尺寸进行拉伸；

"裁剪"会将参考图按原图像素大小填充进设定的生成图片尺寸；

"填充"会将参考图按原图比例填充进设定的生成图片尺寸，缺失的部分会根据重绘幅度大小进行重新生成；

"直接缩放（放大潜变量）"使用效果跟拉伸类似，但会对显存要求较高，同时会增加对重绘幅度的敏感程度。

重绘幅度

重绘幅度可以简单理解成"和参考图片的差异程度"，也就是说重绘幅度越低，那生成的图片越接近参考图，重绘幅度越高，生成的图片跟参考图的差异越大。

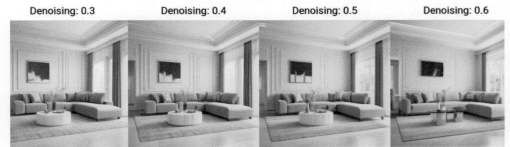

一般来说取值范围在 0~0.3，生成图片会基本保持参考图的内容。

取值范围在 0.3~0.7，生成图片会跟参考图有较强关联性。

取值范围大于 0.7，生成图片与参考图相比会发生非常明显的变化。

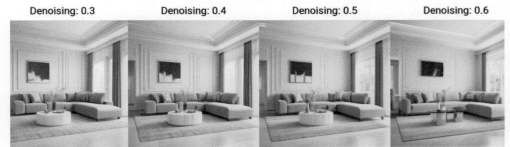

Denoising: 0.3 Denoising: 0.4 Denoising: 0.5 Denoising: 0.6

Denoising: 0.7 Denoising: 0.8 Denoising: 0.9 Denoising: 1.0

2.4.3 局部重绘

我们经常会对生成的图片部分区域感到不满意，局部重绘功能就是针对这种情况开发的，其可以让我们针对有问题的区域重新生成图像，局部重绘功能的参数说明如下：

重绘画笔

用鼠标在图片上绘制区域，按钮分别为回撤、擦除、画笔尺寸调整。

蒙版模糊

解决嵌入画面生硬的问题，会将蒙版区域边缘向内进行羽化处理，数值代表像素宽度。

蒙版模式

重绘蒙版内容：重新绘制蒙版所覆盖区域的图像。

重绘非蒙版内容：保留蒙版覆盖区域图像，重新绘制非蒙版区域的图像。

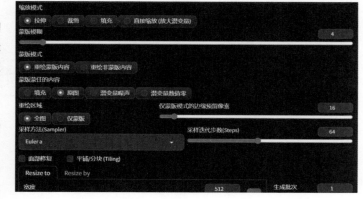

重绘区域

全图：生图尺寸生效在全图，然后将重绘区域的图像进行替换，此时 prompt 应该根据整体画面进行书写。

仅蒙版：生图尺寸生效在重绘区域大小，然后将生成的图像进行替换，此时 prompt 应该针对蒙版重绘部分进行书写。

蒙版蒙住的内容

填充：将需要重绘的部分颜色进行高强度模糊后重新生成。

原图：不做任何处理在原图基础上进行生成。

潜变量噪声：将需要绘制的部分填充随机噪声后进行生成。

潜变量数值零：不填入默认噪声像素后进行生成。

仅蒙版模式的边缘预留像素

在仅蒙版模式下生效，数值越小像素越密，数值越大像素越稀疏。

实际使用中, 如重绘此图桌子部分:

我们可以用画笔涂抹:

生图后得到如下结果:

2.4.4 局部重绘（上传蒙版）

局部重绘同样支持上传蒙版，用以代替手动涂改，上传的蒙版可以通过控制边缘，达到更精准的控制重绘范围的目的。但是需要注意的是，此时蒙版的白色区域才是重绘区域，与画笔涂抹的黑色正好相反。

 总结

这节我们主要介绍了"图片生成图片"的主要使用方式和不同功能的参数区别，在图生图中不同功能适用的场景也有所不同，具体可以根据自己生图的习惯慢慢摸索改进。

2.5 ControlNet 对设计行业的改变与基本使用方法

2.5.1 ControlNet 对设计行业的意义

ControlNet经常被简称为"CN"，有些人将其称呼为AI图像的"革命性突破"，因为ControlNet切实将AI生图从无法预料结果的行为变成了可以控制结果的设计行为。

在 ControlNet 出现之前，AI 生图更像开盲盒，即便使用了附加模型控制生成图片的风格，在图片生成前，依然不知道它到底会是一张怎样的图。这样的 AI 生图无疑并不能应用在建筑或室内设计的实际工作中，所以大家还是用一种看待玩具的心态面对 AI 生图。

当ControlNet出现以后，AI 生图从真正意义上提升到了生产力级别，所以才有了后续我们可控的设计流程。它可以帮助我们实现不同情况下针对生成画面细节的精准控制，甚至于一些自媒体打出《某某行业被AI终结》的标题。

我们之前已经简单讲述了它的工作原理，现在我们再从它的使用流程上来分析它是如何产生控制效果的。

2.5.2 ControlNet 的使用流程

1. 首先，我们需要准备一张提供给 ControlNet 的参考图片，这张图片应有我们希望最终生成效果图可以参照的元素，如空间结构、线条、主体内容等，下面将会以这张图片为例进行说明。

2. 点开 ControlNet 插件上传参考图片，当图片出现在 image 框中说明上传成功。

3. 接下来我们需要使用 ControlNet 预处理器将这张图片转化为 ControlNet 模型"可用"的输入条件。这里需要注意的是，ControlNet在参与 SD生图的引导过程时需要使用 ControlNet模型，而这类 ControlNet模型往往是针对单一的输入条件进行训练的，它们跟我们所熟知的 SD 生图模型有所区别，可以理解为在某单一效果上进行过强化的功能模型，不能有效处理正常图片。这也是需要用预处理器处理参考图的原因。

4. 针对我们想生效在最终效果图上的内容，我们需要使用不同的 ControlNet 模型进行引导，而不同的 ControlNet 模型对应不同的预处理器。目前 ControlNet 有 15 种固定的模式可供选择，后续将会进行详细介绍。

5. 以刚刚上传的图片为例，希望最终效果图可以参考上传图片物体的空间关系，在 ControlNet 中对应的模型就可以选择使用 Depth，点击"Depth"后 ControlNet 将自动选择预处理器和模型。

6. 此时点击预处理器和模型之间的爆炸按钮，ControlNet 将会展示处理效果的预览图片并自动勾选允许预览选项。

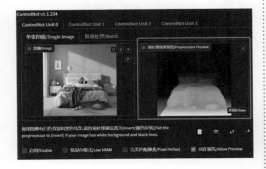

7. 这张效果预览图就是当前所选 ControlNet模型"Depth"可以当作输入条件的图片了。需要注意的是，虽然预处理器可选，

但是预处理器也需要对应的预处理模型的支持，点击爆炸按钮时，ControlNet 如果没有检测到本地的预处理模型就会自动联网进行下载，此时需要有魔法支持，否则会报错。

8. 此时可以检查 CMD 窗口，一般会有一条关于 URL 或者网络连接超时的错误提示，因为这些预处理模型都存放在 huggingface 进行自动下载，所以需要能支持 CMD 窗口对其进行正常访问才可以解决此问题。

9. 回到 ControlNet 使用流程，此时我们勾选启用选项，再点击右上角的生成按钮时，SD 将会实时通过 ControlNet 的相关设置引导图像生成，当然如果不勾选启用，SD 会忽略此 ControlNet 的 unit 窗口配置。

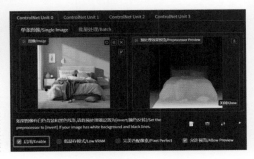

填好其他生图参数，最终结果如下。

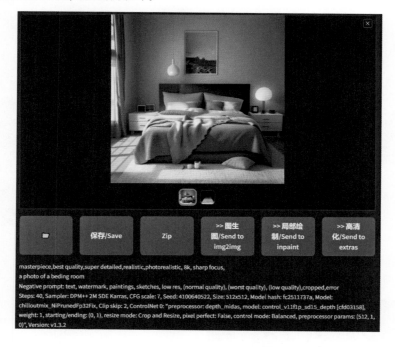

masterpiece,best quality,super detailed,realistic,photorealistic, 8k, sharp focus,
a photo of a beding room
Negative prompt: text, watermark, paintings, sketches, low res, (normal quality), (worst quality), (low quality),cropped,error
Steps: 40, Sampler: DPM++ 2M SDE Karras, CFG scale: 7, Seed: 4100640522, Size: 512x512, Model hash: fc2511737a, Model:
chilloutmix_NiPrunedFp32Fix, Clip skip: 2, ControlNet 0: "preprocessor: depth_midas, model: control_v11f1p_sd15_depth [cfd03158],
weight: 1, starting/ending: (0, 1), resize mode: Crop and Resize, pixel perfect: False, control mode: Balanced, preprocessor params: (512, 1,
0)", Version: v1.3.2

10. 这样就是一次完整的 ControlNet 使用流程。可以看到通过 ControlNet 中 Depth 模型的控制，我们比较准确地还原了参考图展示的图形空间关系，达到了我们最初的目的。

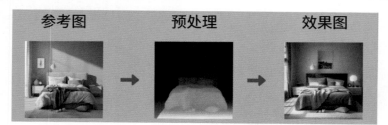

2.5.3 ControlNet 基础参数调节

在实际 ControlNet 的使用过程中, 我们经常需要根据情况调节 ControlNet 的参数, 从使用角度可以将参数分为两类: 一类是调节 ControlNet 参与 SD 生图的基础参数, 另一类是调节不同预处理器处理图像的特殊参数。

Unit 单元

我们之前在设置中开启了 4 个 Unit, 这里每个 Unit 都可以单独上传图片并选择不同的 ControlNet 参数和模型共同参与 SD 生图的引导过程, 这样极大丰富了可以从参考图中选择参考的元素类别。需要注意的是, 每个 ControlNet 单元都会对显存有一定的占用, 开启越多的 ControlNet 单元, 对显存的要求越高, 同时生成图片的速度会越慢。

图像区域下方按钮

按钮 1: 生成一张画布, 用手绘形式进行参考图片的生成。

按钮 2: 开启摄像头进行拍摄。

按钮 3: 将摄像头拍摄画面进行水平翻转。

按钮 4: 将参考图片尺寸填入生图尺寸。

控制权重 /Control Weight

代表此 ControlNet 单元参与 SD 生图引导过程的权重系数。简单来说就是, 希望最终效果图与此单元参考内容的关联程度。默认为 1,

取值范围从 0~2,建议正常使用时不要超过 1。

启动控制的步数 /Starting Control Step

如果用 1 代表百分之一百, 此数值表示这个 cn 单元从百分之几开始参与 SD 生图过程的引导。

假设 SD 生图总步数为 20 步。

启动控制的步数为 0 时代表从第 1 步就开始参与 SD 生图过程。

启动控制的步数为 0.2 时代表从第 5 步开始参与 SD 生图过程。

结束控制的步数 /Ending Control Step

如果用 1 代表百分之一百, 此数值表示这个 cn 单元从百分之几结束参与 SD 生图过程的引导。

假设 SD 生图总步数为 20 步。

结束控制的步数为 0.2 时代表从第 5 步结束参与 SD 生图过程。

结束控制的步数为 1 时代表直到最后 1 步才结束参与 SD 生图过程。

需要注意的是，由于 SD 生图推理过程是逐层传递结果，所以越早参与到 SD 生图引导过程对最终结果的影响越大，越晚则影响越小。比如，其他参数相同情况下 0~0.5 和 0.5~1 都参与了一半引导过程，但是结果完全不同。

Preprocessor Resolution

这是预处理分辨率，主要用于根据预处理画面分辨率调节预处理结果细节。

此处一般与预处理图片分辨率对齐，没有特殊需求可以选择完美匹配像素 /Pixel Perfect 选项进行默认调节。

控制模式 /Control Mode

① 平衡模式 /Balanced

ControlNet的权重与 Prompt 权重各占一半，生成图片时相互影响。

以提示词为主（My prompt is more important）：如果希望所写的 prompt 提示词占用生成时的更高权重，那么可以选择此项。

以 ControlNet 为主（ControlNet is more important）：如果希望所设置的的 ControlNet 参数占用生成时的更高权重，那么可以选择此项。

一般选择平衡模式即可。

② 缩放模式 /Resize Mode:

缩放模式主要解决参考图和生成图片设定尺寸不一致的问题。

拉伸 /Just Resize: 会将参考图改变比例按设定的生成图片尺寸进行拉伸。

裁剪 /Crop and Resize: 保持参考图比例，短边匹配生成图片尺寸，长边进行剪裁适配。

填充 /Resize and Fill

保持参考图比例, 长边匹配生成图片尺寸, 短边进行填充适配, 缺失的部分会根据 prompt进行重新生成。

图像迭代

勾选后将自动把生成后的图像加载至 ControlNet单元

这节我们主要介绍了 ControlNet 对设计行业的意义和 ControlNet 基本的使用方法。从迭代速度上看, ControlNet 有着日新月异的变化, 从各个角度来说, 设计行业从业者都需要研究并掌握 ControlNet 的全部使用细节。

2.6 室内设计中 ContrlNet 模型的分类和使用

2.6.1 Type 介绍

经过之前对 ControlNet 的介绍，我们应该已经对 ControlNet 的控制能力有了一定的了解，那针对具体的参照内容，我们应该如何在 15 种模式中进行选择呢？笔者根据目前版本的 ControlNet 整理 type 对应模型和处理器对照列表如下：

可用模型	模型处理内容	分类 type	可用处理器	处理器功能
ALL	组合不同类别的处理器和模型	ALL	ALL	组合不同类别的处理器和模型
control_v11p_sd15_canny[d14c016b]	控制画面线条（边缘）	Canny	canny	画面线条（边缘）
t2iadapter_canny_sd14v1[80bfd79b]	控制画面线条（边缘）		invert（from white bg &black line）	白色背景上有黑色线条的图像进行反转（黑色线稿图）
control_v11p_sd15_normalbae [316696f1]	控制画面线条（法线贴图）	Normal	normal_bae	用在真实图像上，bae 预处理后的图像更趋近于真实照片
			normal_midas	midas 有时候出来的抽象效果也很惊艳，更适合一些平面图画
control_v11p_sd15_scribble [d4ba51ff]	控制画面线条（涂鸦）	Scribble	scribble_hed	用于合成线条的识别
			scribble_pidinet	用于手绘线条的识别
			scribble_xdog	用于边缘提取线条的识别
			invert (from white bg & black line)	白色背景上有黑色线条的图像进行反转（黑色线稿图）
control_v11p_sd15_mlsd [aca30ff0]	控制画面线条（直线）	MLSD	mlsd	提取建筑或室内图像中的直线线条
			invert (from white bg & black line)	白色背景上有黑色线条的图像进行反转（黑色线稿图）
control_v11p_sd15_softedge [a8575a2a]	控制画面线条（柔和边缘）	SoftEdge	softedge_hed	算法在边缘检测效果和精度上都有较好的表现
			softedge_hedsafe	hed 的稳健版本，牺牲质量提高适应性

可用模型	模型处理内容	分类 type	可用处理器	处理器功能
ALL	组合不同类别的处理器和模型	ALL	ALL	组合不同类别的处理器和模型
control_v11p_sd15_softedge [a8575a2a]	控制画面线条（柔和边缘）	SoftEdge	softedge_pidinet	边缘算法表现更加灵活
			softedge_pidisafe	pid 的稳健版本，牺牲质量提高适应性
control_v11p_sd15_lineart [43d4be0d]	控制画面线条（线稿）	Lineart	lineart_anime	用于动漫线稿，单独列出来训练模型，更适合动漫图像生成
			lineart_anime_denoise	可以消除漫画线稿中的噪点和画稿网格线
			lineart_coarse	粗略线稿提取
control_v11p_sd15s2_lineart_anime [3825e83e]	控制画面线条（动漫线稿）		lineart_realistic	写实线稿提取
			lineart_standard (from white bg & black line)	白色背景上有黑色线条的线稿提取
			invert (from white bg & black line)	白色背景上有黑色线条的图像进行反转（黑色线稿图）
control_v11f1p_sd15_depth [cfd03158]	控制画面空间深度	Depth	depth_leres	采用卷积神经网络 (CNN) 架构直接从单张图像中估算出深度信息
			depth_leres++	leres 的效果增强版本
t2iadapter_depth_sd14v1 [fa476002]			depth _midas	通过学习单张图像与相邻图像之间的关系来预测每个像素点的深度
			depth_zoe	采用基于视差的方法进行深度计算
control_v11p_sd15_openpose [cab727d4]	控制画面人物姿势（手脸等）	OpenPose	openpose	提取当前画面人物动作姿态
			openpose_face	提取当前画面人物姿态 + 面部表情
			openpose_faceonly	仅仅提取当前画面人物面部
			openpose_full	提取当前画面人物姿态 + 手 + 面部
			openpose_hand	提取当前画面人物姿态 + 手部
control_v11p_sd15_seg [e1f51eb9]	控制画面内容语义分割	Seg	seg_ofade20k	基于 OpenEDS 2.0 数据集的图像语义分割算法

可用模型	模型处理内容	分类 type	可用处理器	处理器功能
ALL	组合不同类别的处理器和模型	ALL	ALL	组合不同类别的处理器和模型
control_v11p_sd15_seg [e1f51eb9]	控制画面内容语义分割	Seg	seg_ofcoco	基于 COCO 数据集的图像分割算法
t2iadapter_seg_sd14v1 [6387afb5]			seg_ufade20k	采用自注意力机制、动态卷积和 SPADE 技术，能更好的处理图像物体的空间变化
control_v11fle_sd15_tile [a371b31b]	控制画面细节	Tile	tile_resample	去除画面整体不良细节并添加精致的细节
			tile_colorfix	去除画面整体不良细节并添加精致的细节，增强颜色
			tile_colorfix+sharp	去除画面整体不良细节并添加精致的细节，增强颜色并保持清晰度
control_v11p_sd15_inpaint [ebff9138]	控制画面局部重绘	Inpaint	inpaint_global_harmonious	重绘遮罩部分并在图像全局进行画面融合
			inpaint_only	只改变遮罩部分的局部重绘
			inpaint_only+lama	更适用于图像外扩或物体去除
control_v11e_sd15_ip2p [c4bb465c]	控制画面内容跟随 prompt 改变	IP2P		无
无		Reference	reference_only	画面整体颜色和风格迁移对齐
			reference_adain	使用自适应实例标准化，倾向于根据特征的风格对齐
			reference_adain+attn	使用自适应实例标准化和注意力机制，根据画面特征的均值和方差对齐
control_v11e_sd15_shuffle [526bfdae]	控制画面内容随机打乱	Shuffle	shuffle	将上传的图片内容随机打乱重新组合
t2iadapter_color_sd141[8522029d]	控制画面空间颜色	T2IA	t2ia_color_grid	用于图像色彩增强的算法，主要适用于增强 qcse 鲜艳的图像
t2iadapter_sketch_sd14v1[e5d4b846]	控制画面线条（涂鸦）		t2ia_sketch_pidi	针对手绘素描的算法，适用于将手绘素描转换成真实照片
t2iadapter_style_sd14v1[202e85cc]	控制画面整体风格		t2ia_style_clipvision	风格化图像处理算法，适用于将图像转换成指定的特定风格
t2iadapter_canny_sd14v1[80bfd79b]	控制画面线条（边缘）		T2IA 下是腾讯 ARC 开源训练的模型，使用 T21-Adapter 结构，跟 controlnet 原理结构有所区别，并且基于 sd1.4 进行训练，不推荐优先使用	
t2iadapter_depth_sd14v1 [fa476002]	控制画面空间深度			

续表

可用模型	模型处理内容	分类 type	可用处理器	处理器功能
ALL	组合不同类别的处理器和模型	ALL	ALL	组合不同类别的处理器和模型
t2iadapter_seg_sd14v1[6387afb5]	控制画面内容语义分割	T2IA		T2IA 下是腾讯 ARC 开源训练的模型，使用 T21-Adapter 结构，跟 controlnet 原理结构有所区别，并且基于 sd1.4 进行训练，不推荐优先使用

需要注意的是，虽然 All 模式提供了我们针对不同模型和处理器的组合，但基本局限于对画面线条的处理范围内。

以上所列举的模型都在 ControlNet 官方的开源页面提供下载，每个模型都是后缀为 .pth 的文件，同时需要有对应后缀为 .yaml 的配置文件才可以正常使用，这些模型的名称前缀较多，不容易理解，现在以其中一个 Canny 模型为例，说明模型名称中各个部分的具体含义。

(control_v11p_sd15_canny   [d14c016b])

control: ControlNet 的官方模型全部都为 Control 开头，用于与其他模型区分。

v11: 代表着模型的版本为 V1.1。

P: 此处 P 代表已可以用于生产环境，可正常使用。除了 P 之外，还有 E、U 两种标识（E 代表实验性阶段模型，可能存在 BUG；U 代表未完成的、半成品）。

Sd15: 代表模型适用的 SD 基础模型版本（同样适用于基于此版本训练的其他底模型），分别如下：

SD15 = Stable Diffusion 1.5,

SD15s2 = Stable Diffusion 1.5 With Clip Skip 2,

SD21 = Stable Diffusion 2.1,

SD21v = Stable Diffusion 2.1v-768。

Canny: 此为模型所对应的类型。

[d14c016b]: 模型哈希编号。

以下是 ControlNet 中适用于室内或建筑设计的重点类别说明。

2.6.2 Canny

Canny 可以根据边缘检测，从原始图片中提取不同色块边缘线条，再根据提示词，来生成同样构图的画面，可以还原丰富的细节。

在预处理器的调节上会多出 Canny Low Threshold、Canny High Threshold 两个选项。

Canny Low Threshold 和 Canny High Tthreshold 是 Canny 提取线稿时的细线阈值以及粗线阈值，提高和降低阈值都会影响对画面检测的线条丰富程度。总体来说，阈值参数越低，预处理的线稿细节就越少。

预处理效果如图：

生成效果：

正向提示词：

"masterpiece,best quality, super detailed, realistic, photorealistic, 8k, sharp focus, a photo of a room"

反向提示词：

"text, watermark, paintings, sketches, low res, (normal quality), (worst quality), (low quality), cropped,error"

2.6.3 Normal

更适用于三维立体图, 通过提取用户输入图片推算物体的法线向量, 以法线为参考绘制出一幅新图, 此图与原图的光影效果完全相同。

normal_bae预处理结果如图:

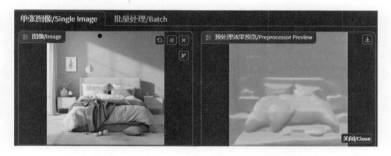

通过与前文一直提示词生成的效果:

2.6.4 Scribble

手动涂鸦成图，比其他线条处理模型的自由发挥程度更高，也可以用于对上传画面生成简单涂鸦图进行处理。

scribble_pidinet预处理结果如图：

通过与前文一直提示词生成的效果：

scribble_xdog预处理结果如图：

通过与前文一直提示词生成的效果：

2.6.5 SoftEdge

SoftEdge 与 Canny 类似，但自由发挥程度更高。柔边保留了输入图像中的细节，绘制的物品明暗对比明显，轮廓更稳定，适合在保持原来构图的基础上对画面风格进行改变时使用。

softedge_hed 预处理结果如图：

softedge_pidinet预处理结果如图：

softedge_hedsafe预处理结果如图：

softedge_pidisafe预处理结果如图:

通过与前文一直提示词生成的效果:

Lineart 与 Canny 类似, 但不可调节细节, 用在线稿的还原上会有惊喜。
lineart_realistic 预处理结果如图:

通过与前文一直提示词生成的效果：

在此说下针对线稿的两种处理器，lineart_standard 和 invert，这两种处理器无法处理正常画面，用于专门处理白底黑线的线稿或图片。因为通过 Canny 或其他针对线条使用的模型训练输入都是底色为黑，线条为白，所以需要此类处理器提前处理。

lineart_standard (from white bg & black line) 预处理针对线稿处理结果如图：

invert (from white bg & black line) 预处理针对线稿处理结果如图:

通过分析图片的线条结构和几何形状来构建出建筑外框，适合建筑设计的使用。

在预处理器的调节上会多出 Canny Low Threshold、Canny High Threshold 两个选项。

MLSD Value Threshold: 值越小，检测线条越多，越详细。

MLSD Distance Threshold: 值越大，越远处的建筑提取到的线条越少，控制内容会更专注于前面的部分。

这两个值用于调整去除重叠的、间隔紧密的线条和"低能量"线条。

MLSD预处理结果如图:

正向提示词:

"masterpiece,best quality,super detailed,realistic,photorealistic, 8k, sharp focus,a photo of a building"

反向提示词:

"text, watermark, paintings, sketches, low res, (normal quality), (worst quality), (low quality),cropped,error"

生成效果:

2.6.7 Depth

通过提取原始图片中的深度信息，可以生成具有同样深度结构的图。还可以通过 3D 建模软件直接搭建出一个简单的场景，再用 Depth 模型渲染出图。

depth_leres 可以通过 Remove Near% 和 Remove Background% 参数调节近景和背景的深度忽略占比，默认为 0%。

当近景或背景中有想忽略的内容时可以尝试修改此参数。

例如，现在希望生成图片不展示近景杂物，预处理结果如图：

通过与前文一致提示词生成的效果：

depth_zoe预处理结果如图：

通过与前文一致提示词生成的效果：

通过对原图内容进行语义分割, 可以根据画面主体语义实例区分画面色块, 适用于不改变画面物品内容情况下的风格修改。

seg_ufade20k预处理结果如图:

通过与前文一致提示词生成的效果:

seg_ofade20k预处理结果如图:

通过与前文一致提示词生成的效果：

seg_ofcoco预处理结果如图：

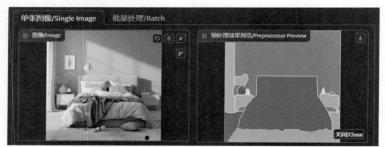

通过与前文一致提示词生成的效果：

2.6.9 Tile

将图片分割成瓦片后单独识别每片内容，根据关联的提示词重新生成后再进行拼接，用于可控的生成图片修改，如细节修复、原图放大等。由于 Tile 在原理上与 prompt 关联性比较强，所以一般用它与其他模型或插件结合使用来控制图片的二次修改。

tile_resample 预处理器可调节参数 Down Sampling Rate，即向下采样率，可以简单将其理解成将原图进行几倍的模糊处理。默认为 1 倍，就是不做模糊处理。

预处理结果如图：

通过与前文一致提示词生成的效果：

❶ tile_colorfix+sharp 预处理器可调节参数 Variation和 Sharpness。

❷ Variation: 代表颜色变化的强度，默认为 8，一般不用改变。

❸ Sharpness: 代表处理器的锐度调节，避免生图中"模糊"的效果，不过作用有限。取值范围为 0~2，建议不要超过 1。

预处理效果如图：

通过与前文一致提示词生成的效果：

2.6.10 Inpaint

Inpaint效果类似图生图中的局部重绘，也同样用于生成图片的修改。

inpaint_global_harmonious预处理可以根据需要涂抹区域，举例来说，如果想去掉原图中的床头灯，涂抹效果如图：

需要注意的是，在生图过程中 inpaint_global_harmonious预处理器会根据全图的效果进行融合控制，使新生成图片在未涂抹区域与原图相比产生一些不可避免的色差。

inpaint_global_harmonious预处理器通过与前文一致提示词生成的效果如下：

inpaint_only预处理器则不会有色差问题，生成效果如下：

2.6.11 Reference

Reference不需要选择模型，它使用预处理器进行算法上的图片特征效果对齐。由于对齐的成图结果非常优秀，所以有人说 Reference可以当作免训练的 lora模型替代品使用。

reference_only 预处理器可调节参数为 Style Fidelity, 这个参数只有在 ControlNet 的控制模式为 Balanced 时才有效。调节范围是 0~1, 值越大, 最终生成的图片跟参考图片越接近。

Style Fidelity (only for "Balanced" mode)　　　　　　　　　　　　　　　　0.5

Style Fidelity值为 0.1时, 通过与前文一致提示词生成的效果如下:

Style Fidelity 值为 0.95 时, 通过与前文一致提示词生成的效果如下:

Style Fidelity值 0.5时, 通过与前文一致提示词生成的效果如下:

Style Fidelity 值为 0.95 时, 通过与前文一致提示词生成的效果如下:

reference_adain+attn 预处理器在风格、色彩、物品位置上都会进行对齐，Style Fidelity 值为 0.95 时，通过与前文一致提示词生成的效果如下：

这节我们主要介绍了"ControlNet"中不同的 type 的区别，也说明了在实际设计过程中，不同处理器的选择和模型使用的效果。在室内设计和建筑设计过程中，我们经常需要叠加 ControlNet 进行多重控制来进行最终效果的生图，这部分将在后续进行详细讲解。

2.7 不同高清修复在设计中的使用

由于我们使用的底模型大多数都基于 SD1.5 模型，受限于它的训练图片尺寸，我们生成效果的生图尺寸基本围绕 512×512 进行。但在实际设计中，我们常常需要更高分辨率的图片，这时我们就要将生成的效果图片进行放大处理。

2.7.1 高清化 /Extras

高清化是独立在生图过程外的放大功能，它可以通过不同算法模型对图像进行分辨率扩大。

在图像上传窗口上传图片：

一般使用等比缩放方式，缩放比例代表放大倍数。实际最后生图尺寸=图原分辨率 × 缩放比例。

Upscaler 1

用于主要的放大算法的选择，可以去 https://upscale.wiki/wiki/Model_Database 页面进行查看，此处推荐 4x-Ultra Sharp 和 R-ESRGAN 4x+ 两种算法，在真实图像画面有良好的表现。

Upscaler 2

Upscaler 2 可见度：用于选择第二放大算法并对其权重进行调节，实际并不常用。

点击放大按钮后即可生成放大图片：

放大前：

放大后：

　　这是 SD 中最快、最简单的图像放大。在实际使用过程中，每次缩放倍率尽量不要超过 2，否则会有一定的细节缺失。

2.7.2 文生图同时放大

　　在文生图的参数调节中，提供了可以直接进行放大最终图像的参数"高分辨率修复"选项，勾选后出现以下参数。

　　实际上这样的放大过程分为三步：第一步是正常的文生图流程生成一张我们指定尺寸的图片，第二步是通过放大算法将图片按高清化的方式扩大分辨率，第三步是用图生图的方式重新生成最终高清分辨率的图片。具体参数说明如下。

高清化算法 /Upscaler

　　此参数用于选择不同的算法参与图片放大过程中，实际上不同算法会产生明显的效果差异，此处推荐 4x-UltraSharp、R-ESRGAN 4x+，它们对低重绘幅度都有较好支持。

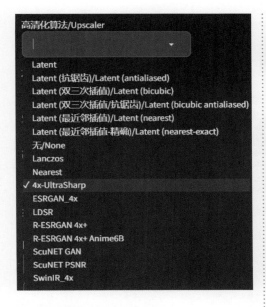

高分辨率采样步数 /Hires

用于设置高分辨率修复时第二步的迭代次数，默认值为 0 时，代表第二次迭代次数等于第一次迭代次数，即文生图迭代次数设置为 30 步；高分辨率采样步数设置为 0 时，实际迭代步数为 60 步。

重绘强度 /Denoising strength

等同于图生图中的重绘强度，表现为最后生成图片对第一步生成图像内容的变化程度。

放大倍率 /Upscale by

代表放大倍数，实际最后生图尺寸＝文生图原分辨率 × 放大倍率，使用放大倍率时不能使用指定分辨率的放大，指定分辨率放大会

造成画面剪裁，不推荐使用。

我们使用文生图功能正常生成一张图片如下：

图片参数为：

"masterpiece,best quality,super detailed,realistic,photorealistic, 8k, sharp focus,industrial style, a photo of a livingroom<lora:DFQAI-industrial_style22:0.6>Negative prompt: text, watermark, paintings, sketches, low res, (normal quality), (worst quality), (low quality),cropped,error

Steps: 20, Sampler: DPM++ 2M Karras, CFG scale: 7, Seed: 393556845, Size: 512x512, Model hash: fc2511737a, Model: chilloutmix_NiPrunedFp32Fix, Clip skip: 2, Lora hashes: "DFQAI-industrial_style22: aee000543ef2", Version: v1.3.2"

开启高分辨率修复并设置参数如下：

放大前：　　　　　　　　　　　　　　　放大后：

需要注意的是，此放大方式受限于显存，同时生图流程较长，效果等同于图生图，所以不推荐使用。

2.7.3 图生图同时放大

在图生图功能中，我们通过插件安装了放大脚本 Ultimate。

这个脚本可以让我们脱离显存的限制，对图片进行放大，它在生图过程中支持我们进行分割放大再拼接，同时有一定的修复功能。具体参数说明如下。

目标大小类型 /Target size type

用于选择使用什么方式进行尺寸的指定，一般使用 Scale from image size 模式，就是根据生图尺寸进行倍数放大。

比例 /Scale

代表放大倍数，实际最后生图尺寸＝图生图上传图片分辨率 × 比例。注意这里不再以图生图设定参数尺寸为基准。

高清化算法 / Upscaler

用于选择放大算法，此处不再赘述。

类型 / Type

用于选择生成切片图像的顺序，Linear代表从左到右、从上到下逐一进行，Chess代表以国际象棋的棋盘格方式跳跃进行，可以减少接缝和伪影出现的概率。

平铺宽度 /Tile width 和平铺高度 Tile /height

设定切片的大小，当高度为 0 时代表宽高相等。

接缝修复 Seams fix

用于修复拼接的参数。

填充 /Padding

处理切片时将与相邻切片的重叠像素宽度。如果切片为 512 图块大小，一般设置为 32~64，如果在结果中发现拼接内容有误，可以酌情增加。

类型 /Type

选择拼接修复的方式，Band pass在接缝上进行修复并覆盖周围的小区域，速度最快，一般使用此方式即可。其他两种方式会偏移出更多的修复区域，效果更好但是速度更慢。注意如果需要进行拼接修复功能，需要勾选启用。

蒙版模糊度 /Mask blur

　　它是平铺过程中使用的蒙版的边缘模糊大小。如果切片为 512 图块大小，一般设置为 12 左右。如果在结果中看到接缝可以酌情增加。

降噪 /Denoise

　　代表接缝修复的降噪强度，使用 0.15~0.35即可。

放大前：

放大后：

2.7.4 Tiled Diffusion & VAE 生成大型图像

我们通过插件安装了放大脚本 Tiled Diffusion & VAE, 它可以用在文生图和图生图的过程中, 几乎等于 Ultimate 的潜空间版本。其中 Tiled Diffusion 负责生成扩散图像, Tiled VAE 负责编码解码处理,它同样将图像进行切片后重新生成放大,并可以结合 ControlNet 的 tile 模型使用,放大同时为图像增加大量细节。

Tiled Diffusion 部分参数的说明如下:

模式 /Method

这里选择两种 SOTA diffusion tiling 算法, Mixture of Diffusers 和 MultiDiffusion, 与 MultiDiffusion 相比,Mixture of Diffusers 需要较少的重叠,因为它使用高斯平滑,可以生图更快。

图片大小调节

在文生图中勾选覆盖图像大小 Overwrite image size, 可用于将设定尺寸应用在最后生图尺寸中。

在图生图中勾选保留输入图像大小 Keep input image size, 并使用缩放比例 Scale Factor。

调节放大倍数, 实际最后生图尺寸 =图生图上传图片分辨率 × 比例, 注意这里不再以图生图设定参数尺寸为基准。同时可以选择一个放大算法用于前置放大。

切片调节与之前 Ultimate 类似, 由于使用了潜空间切片, 所以此处调节的大小为实际

图片大小的八分之一, 例如宽高为 96 的切片对应实际图像切片大小为 768。

同时为了有更快的放大速度, 可以酌情调高每次潜在切片数量 /Latent tile batch size 到显存溢出为止。

Tiled VAE 部分的参数说明如下:

大部分情况下此部分参数不需要修改, 初次使用时插件将生成默认参数提供使用,需要注意的有以下两点。

❶当生成图像过程中提示 CUDA error: out of memory(显存不足) 时需要调低编码器切片大小 Encoder Tile Size。

❷当生成图像结果颜色出现问题时, 可以尝试勾选快速编码器颜色修复 Fast Encoder Color Fix 进行调节。

通过这个插件，我们可以快速在图生图中生成放大图片并通过对重绘幅度的调节来增加放大后的图片细节。

放大前：　　　　　　　　　　　　　　　　　　　放大后：

需要注意的是，如果希望在文生图中使用这个插件，需要结合 ControlNet 的 tile 模型来控制图片内容，否则会产生画面的割裂和错误。此时由于没有重绘强度选项，我们针对细节需要调节 tile 模型的权重进行控制。

放大前：　　　　　　　　　　　　　　　　　　　放大后：

2.7.5 StableSR 放大

StableSR插件可以让我们在放大几乎任何图片的同时保留全部细节不变,应用于图生图功能的脚本中,需要配合Tiled Diffusion&VAE和SD2.1模型使用

首先我们需要选择 Stable Diffusion V2.1 768 EMA模型。

然后切换至图生图功能,上传图片。

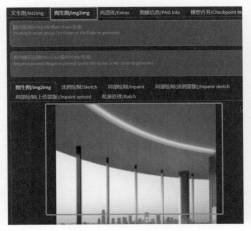

使用 Euler a 采样器,采样步数调整为 20 次以上。

正常启用 Tiled VAE设置。

开启 StableSR 脚本,模型选择 webui _768v_139.ckpt。

生图结果如下:

放大前：

放大后：

这节我们主要介绍了不同放大工具的使用，针对不同情况总结如下：在文生图和图生图过程中需要进行提示词有效放大时使用高分辨率修复和放大脚本 Ultimate，需要放大时增加图片细节处理使用 Tiled Diffusion & VAE，单纯放大图片时使用高清化功能或 StableSR 插件。

2.8 建筑设计与室内设计在 SD 中的操作区别

2.8.1 prompt 结构

建筑设计和室内设计在 prompt 结构上是有所区别的, 具体到建筑设计, 我们可以从以下几个问题开始构建最基本的提示词:

1.这个图片中的主体建筑类别是什么? 例如, 图书馆。

2.这个图片中的主体建筑材质是什么? 例如, 钢筋水泥、玻璃等。

3.这个图片中的主体建筑出现在哪? 例如, 市中心。

4.这个图片中出现的光影如何? 例如, 中午强烈的日光。

5.这个图片中展现的视角如何? 例如, 仰视。

综上, 设计提示词为"图书馆, 水泥立面, 玻璃窗户, 市中心户外, 强烈的日光, 仰视视图", 翻译如下:

"a building of Library, concrete walls, glass windows, outdoor, built in the city center, with strong sunlight, look up view"

添加基础的质量词后, 生图效果如下:

2.8.2 结合 ControlNet 控制

在建筑方面，跟室内设计不同，我们很难用 prompt 描述建筑的结构细节，此时我们需要尽量结合实际的图纸、白模等其他元素生成参考图进行上传，通过 ControlNet 来控制生成图片的效果。

比如，我们增加一个 ControlNet 的 MLSD 模型和对应线稿图片如右侧图所示。

正向提示词：

"masterpiece,best quality,super detailed,realistic,photorealistic, 8k, sharp focus,
a building of Library, concrete walls, glass windows, outdoor, built in the city center, with strong sunlight, look up view"

反向提示词：

"text, watermark, paintings, sketches, low res, (normal quality), (worst quality), (low quality),cropped,error"

生成结果如下：

然后切换至图生图功能，上传图片。

需要注意的是，此时由于 ControlNet 的控制，我们的提示词"look up view"已经失去作用，因为视角已经被上传的参考图像固定。

同时在实际效果中，建筑上的植被明显是不合理的，我们需要在反向提示词中增加"tree"，重新生成图像如下：

2.8.3 模型的选取与运用

针对建筑设计需要的不同效果，我们在 SD 生图过程中更依赖于模型的选择，这里推荐使用真实系的大模型（如 rundiffusionFX_v10.safetensors）进行建筑效果的生成，可以去网站 https://civitai.com/ 进行开源模型的下载。

目前不同的模型针对建筑的材质、形状、视角等效果不尽相同，专门针对建筑训练的材质模型、彩总模型、鸟瞰模型都非常稀少，而且理论上我们自行训练的模型才能够最准确还原我们想要呈现的效果，所以有关模型训练的部分将在后面进行详细介绍。

第3章 Midjourney 的使用

3.1 Midjourney 的说明和基础设置

3.1.1 Midjourney 是什么

Midjourney 是一款搭载在 Discord 上的人工智能绘画聊天机器人。Midjourney 目前以公司的形式运营，以付费形式对外开放。Midjourney 公司的核心成员之一也是开源 AI 绘画程序 Discord Diffusion 的作者 Somnai，感兴趣的读者可以去他的推特上看看。Midjourney 基本上是零成本学习，操作非常简单。

- -

3.1.2 如何使用 Midjourney

首先，需要注册一个 Discord 账号，然后加入 Midjourney 的 Discord 服务器。或者去 Midjourney 的官网点击右下角的 Join the Beta。

1. 在 Discord 公共服务器里使用

注册并进入 Midjourney 的服务器后，有可能需要完成各种任务（这个取决于 Midjourney 的运营策略）按照引导完成即可。

接着就能在 Midjourney 的左侧栏，看到 newbies-XXX 的频道，随便点击一个，进入该频道，这个频道就是给用户生图使用的。

注意首次使用时，Midjourney 会弹出付费提示，按流程付费即可正常使用。

2. 在个人服务器里使用

创建自己的频道，邀请 Midjourney 机器人到个人创建的 Discord 服务器。一旦 Midjourney 机器人加入个人的服务器，就可以使用 /imagine 命令与其交互。

需要注意的是，在私人服务器上生成的 Midjourney 图像仍受 Midjourney 的社区准则约束。所以在私人服务器上生成的图像仍然对 Midjourney.com 上的其他用户可见。这个规则只有开启 StealthMode 模式才能避免。

下面简单介绍一下应该如何创建自己的服务器。

首先，在左侧最下方找到一个"+"按钮，这是创建服务器的入口。

然后，按照向导进行配置。

到此就创建好了自己的服务器，接着就是邀请 Midjourney 机器人进入服务器。

进入 Midjourney 服务器，找到对应的 Midjourney 机器人，点击头像，然后单击添加到服务器。

选择要将其添加到的服务器，然后授权并确认要添加外部应用程序。

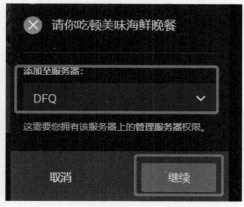

这样就可以在自己的服务器内与 Midjourney 机器人进行交互了。

3.1.3 设置 Midjourney

可以在 Midjourney 的服务器，或者 Midjourney 机器人聊天窗口，输入 /settings，然后按下回车。

/settings View and adjust your personal settings.

/settings

接着就能看到这样的机器人消息, 在这条消息上点选即可调整基础的 Midjourney 设置。

1. 版本设置

前两行是版本切换。可以根据自己的需要切换不同的版本, VersionX 分别表示 Midjourney 的不同版本。切换后输出的所有图默认都会用该版本生成, 各个版本区别请随时查阅 Midjourney 官方说明。

Niji 模型在制作动漫和插图风格, 对动漫、动漫风格、动漫美学有更多的了解。Midjourney 模型更擅长仿真图像、摄影等效果的展示。总体规律是越新的版本效果越好, 但是生成速度越慢。

2. 风格设置

第四行风格设置。风格设置简单理解的话, 这个值越低会越符合 prompt 的描述, 数值越高 Midjourney 自由发挥的能力越强, 但跟 prompt 关联性就会越弱。

3. 隐私设置

这个设置默认是 Public(公开), 只有付费 Pro 用户可以将其设置为 Stealth Mode(隐私), Basic 和 Standard 都没法设置为 Stealth。

4.Remix 设置

Remix Mode 是指在重新生成图片时开启修改模式。在 Remix 模式下, 二次生成图片时会弹出一个 prompt 输入框, 支持对原有 prompt 进行修改, 修改完成后模型会在第一张图的基础上, 使用修改后的 prompt 来生成新的图片。

5. 变化模式设置

默认为高变化模式, 使所有生成的图像更加多样化。高变化模式目前只支持 V5.2 版本。

6. 生成速度设置

FastMode, 代表让 Midjourney 服务器优先处理发布的生图任务, 这个只有付费的 Standard 和 Pro 用户可以设置, 每个月有固定的时长限制。

Relax Mode下, 生成图片的任务需要排队, 但是可以无限生成图片。Turbo Mode 会用 4 倍 GPU 资源速度处理生图任务, 但是需要扣除双倍的 Fast 时长。

3.2 建筑设计中文生图和 prompt 格式

3.2.1 Midjourney 在建筑设计中的用法

对话框里输入"/"，然后对话框上方会出现一个默认命令菜单，一般最顶部就是 /imagine，点击该菜单项（如果没有出现该菜单，就继续输入完 imagine）。

/imagine 命令会自动填入对话框中，之后就能在 prompt 框里输入图片的 prompt 了。（这里输入的字符上限是 4000 字符）。

接着就会看到一个叫 Midjourney 的机器人复述了输入的话，在这句话的最后，有一句 (Waiting to start)，这就意味着输入的 prompt，机器人已经接收到了。

然后会看到一张模糊的图慢慢变清晰，段落最后显示百分比进度意味着正在生成图片，当看到图片下方出现几个 U、V 的按钮，这就意味着图片生成完成了。

在 V5 以上版本模型生成的四格图，如果想要生成单张的图片，则可以点击四宫格图片下的 U 按钮，U1 代表左上角第一张图，U2 是右上角，U3 是左下角，U4 是右下角。

不同模型版本的生图尺寸如下：

ModelVersion	StartingGridImagesSize	ModelVersion4DefaultUpscaler
Version5	1024x1024	—
Version4	512x512	1024x1024
niji5	1024x1024	—
niji4	512x512	1024x1024

点击 U 按钮后，需要等待一会，就会裁成一张单图。

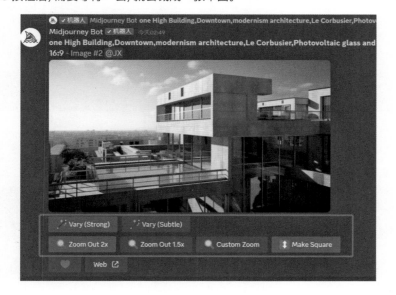

ZoomOut（缩小）按钮会在保留图像的同时将画布扩展到其原始边界之外。新扩展的画布将根据提示和原始图像的指导进行填充，注意这不会放大图片的分辨率，只会影响构图，效果如下。

MakeSquare 按钮可以调整非方形图像的纵横比使其成为方形。如果原始宽高比较宽（横向），则会垂直扩展。如果它很高（纵向），将会水平扩展。按钮旁边的表情符号还指示图像的扩展方式。

Vary 按钮等于四宫格图片下的 V 按钮，这个按钮代表 variation，点击该按钮后，程序会用已选择的那张图片，再生成新的 4 张图，不过这 4 张图的整体会与已选择的那张图比较像。

在 4 选 1 的模式中，V 按钮默认使用 Strong 模式，在单图使用 Vary 按钮时，可以选择 Subtle 模式，这样重新生成的图片变化会比原来小得多。

最后一个按钮：

这是 re-roll 重新生成，点击后程序会按照 prompt 重新生成 4 张图片。

如果开启了 Remix 模式，则在每次重新生成图片的时候都可以针对 prompt 进行修改。

如果不喜欢生成的图片，其实可以不用管它。

如果一定要删，也有一个删除的渠道，但操作跟日常使用的聊天工具的方式不太一样。

在想要删除的图片消息右上角有个表情按钮，点击后会出现一个 emoji 菜单，然后在 emoji 菜单里输入 x，最后点击"✖"的 emoji 图标即可删除该图片。

注意这个删除并不只是删除聊天信息里的图片，还会将图片从 Midjourney 的会员 Gallery 里删除。

3.2.2 撰写 TextPrompt 注意事项

由于 Midjourney 跟 SD 在原理上类似，所以相应在 prompt 的使用上有很多类似的地方。

1. 结构

首先，Midjourney 也是使用词进行生图引导的，所以不需要注意语法，只要词对了，也能生成图片。

其次，prompt 不是越长越好。特别是各种定语从句，它根本就不能理解，直接用一个个词来输入，把指令用逗号隔开的效果更好，基本结构可以参考以下结构。

＜建筑设计＞

建筑类型或主体 + 环境 + 建筑风格 + 建筑师名字 + 立面风格 + 渲染风格 + 视角 + 灯光

例如：

OneHighBuilding（一栋高层建筑）+Downtown（城镇中心）+modernismarchitecture（现代建筑风格）+LeCorbusier（设计师）+PhotovoltaicglassandConcrete（光伏玻璃和水泥）+Photorealism（照片）+Top-View（俯视图）+DirectSunlight（直射日光）

‹ 室内设计 ›

房间类型 + 设计风格 + 建筑师风格 + 家具 + 铺装 + 渲染风格 + 视角 + 颜色 + 灯光

例如：

bedroom（卧室）+MediterraneanInteriorDesign（地中海风格）+bed（床），window（窗户），mirror（镜子），bedsidetable（床头柜），bedsidelamp（床头灯），decoration（装饰物），alarmclock（闹钟）+Hardwood（实木地板）+First-PersonView（第一人称视图）+White, Yellow（白色和黄色）+GlobalIllumination（全局光）

最后，Midjourney 是不需要区分大小写的。

2. 词元

在单词的部分，Midjourney 对同义词的理解也不是很好。总体来说需要多尝试才能明确词元对应的效果，原则上用词越具象越好，如用 gigantic 就比用通用的 big 好；数量越准确越好，如 one 比 a 更好。

Midjourney 也支持 prompt 的权重调节，当使用双冒号"::"将提示分隔为不同部分时，可以在双冒号后立即添加一个数字，以指定提示该部分的相对重要性。

例如：

> 以下组合代表的都是 modern 与 bedroom 权重相等。

modern::bedroom   modern::bedroom::1

modern::1bedroom   modern::2bedroom::2

modern::100bedroom::100

> 以下组合代表的都是 modern 与 bedroom 权重为 2:1。

modern::2bedroom

modern::4bedroom::2

modern::100bedroom::50

> 以下组合代表的都是 modern、bedroom 与 table 权重为 1:1:1。

modern::bedroom::table   modern::1bedroom::table::

modern::1bedroom::1table::1   modern::2bedroom::2table::2

我们也可以在当中添加反向提示词，用参数 --no 表示，如"modern, bedroom--notable"代表我们不希望桌子出现在画面中。

之前在 SD 使用的"质量词"也会在 Midjourney 中产生效果，但是得益于 Midjourney 出色的模型效果，我们实际使用中并不需要添加过多的"质量词"。

3. 参数

参数的设定也是 prompt 的一部分，如长宽比、细节丰富程度等，详情请见参数相关的介绍。

3.3 结合命令辅助调整设计提示词

由于 Midjourney 的 prompt 复杂且不好推理，所以目前 Midjourney 开放了两个命令用于帮助用户调整 prompt，一个是 Describe，另一个是 Shorten。

3.3.1 Describe 命令

Describe 命令允许用户自行上传图像并会根据该图像生成四种可能的提示词，在对话窗口中输入 /de，在列表中选取 /describe 命令，命令会自动填入对话框中，此时可以在 Image 区域上传想要分析的图像文件。

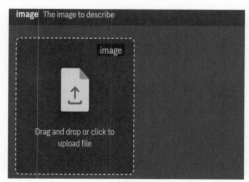

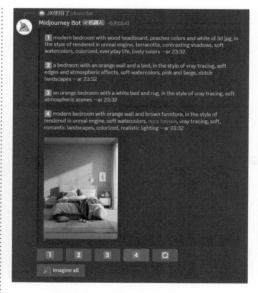

上传文件后回车，等待一会，Midjourney 将返回 4 条根据图片内容自动生成的提示词如右图所示。

需要注意的是，这 4 条 prompt 只是随机生成的启发性提示，它不能准确地重新还原生成上传的图像。

点击下面的"1、2、3、4"按钮就可以使用对应的提示词进行图像的生成。

如果你对提示词不满意，也可以点击 re-roll 按钮重新生成新的提示词。

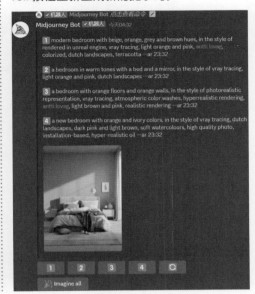

3.3.2 Shorten 命令

Shorten 命令主要用于重要提示词提取和缩减，在对话窗口中输入 /sh，在列表中选取 /shorten 命令，命令会自动填入对话框中，此时我们可以填入我们想要缩减的 prompt。

我们将 Midjourney 随机生成的 prompt 填入进行测试，回车后得到的结果如右侧图所示。

在 Important tokens 中，加粗字体、正常字体、划掉的字体分别代表词在整个 prompt 中的重要程度逐渐降低，同时它为我们精简出了 5 条从长到短的提示词，点击 Show Details 按钮可以查看每个词在整体提示词中的重要程度数值。

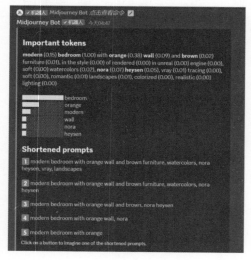

点击"1、2、3、4、5"按钮可以使用生成的缩减提示词进行图像的生成。

提示词 1 效果如下：

提示词 5 效果如下：

通过结果可以看出这个功能只是单纯的为了缩减提示词的长度而生。它不能完整保留原有提示词的生成效果，在笔者看来它更适合结合一些大语言模型生成的大段提示词进行使用。如果已经有符合目标的结构化提示词，并不需要使用这个命令进行缩减。

 总结

这节我们主要介绍了使用 Midjourney 自有命令进行提示词的启发和探索，实际上在提示词的使用上，更多的经验和总结才是生成预期图像的最好帮手。

3.4 室内设计中图生图的使用和权重调节

3.4.1 单一图片生图

1. 在 MJ 中，/imagine 命令本身就可以使用图像作为提示的一部分来影响作业的构图、风格和颜色。图像提示可以单独使用，也可以与文本提示一起使用，具体使用的命令结构如下：

我们用一个实际操作的例子进行说明：

"a photor of bedroom,Mediterranean Interior Design,bed,window,mirror,bedside table,bedside lamp,decoration,alarm clock,Hardwood,Photorealism,First-Person View,White,Yellow,Global Illumination --ar 16:9"

当我们不添加图片作为提示时，生成效果：

2. 为了方便对比，我们需要获取这次图片生成的种子，需要点击图片消息右上角的表情按钮，点击后会出现一个 emoji 菜单，然后在 emoji 菜单里输入 e，最后点击"消息"的emoji 图标即可获得种子如右侧图所示。

3. 注意这个种子 seed2980034156 会通过 bot 在私信中发送。

然后我们发送一张图片给 MJ。

4. 右键复制该图片的链接，然后粘贴到输入框。

5. 在链接后加一个空格，再输入相同的提示词并加入种子。

6. 生成结果是这样的：

这里需要单独说明一个图像权重参数 -iw，它可以用来调整提示中图像与文本部分的重要性。-iw 未指定时默认为 1，取值范围为 0~2。数值越高意味着图像提示对生图的影响越大，越低代表文本对生图影响越大。

3.4.2 Blend/ 多图片融合

1. 这个功能使用起来非常简单, 在 Discord 输入框里输入 /blend, 然后点击这个菜单:

2. 之后输入框就会变成这样:

　　3. 此时最多可以增加五个图片位置, 然后点击这图片上传框传图, 进行本地图片的添加, 混合图像的默认长宽比为 1 : 1, 但可以通过使用可选 dimensions 字段在方形长宽比 (1 : 1)、纵向长宽比 (2 : 3) 或横向长宽比 (3 : 2) 之间进行选择, 点击回车。

4. 然后 Midjourney 就会生成这样的结果：

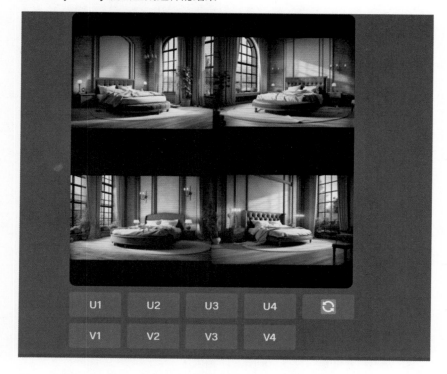

这个功能并不能跟文本一起使用，而且效果非常不稳定，但不管怎么说，这是一个 sd-webui 没有的功能。

3.5 Midjourney 不同参数的功能以及使用说明

3.5.1 参数的概念

1.version

在设置中选择的模型版本对应的参数就是 version。

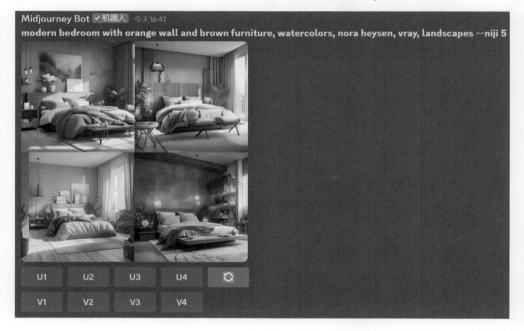

通过在 prompt 最后加入"-version""-v"或者"-niji"切换不同算法模型版本，例如：

> "modern bedroom with orange wall and brown furniture, watercolors, nora heysen, vray, landscapes -niji 5"

需要注意的是，因为可以在 prompt 里直接加版本参数，同时又可以在设置里设置版本，所以当存在多个重复属性的参数时，Midjourney 会按照从左往右的顺序优先运行参数。上面的例子，即使我们在设置中选择了 V5.2 模型，最后的结果还是使用了 niji 5 进行图像生成：

2.stylize

这个参数控制生成图片的风格化程度。这个值越低会越符合 prompt 的描述，数值越高 Midjourney 自由发挥的能力越强，但跟 prompt 关联性就会越弱。默认设置的值是 100，通过命令"--stylize"或者"--s"进行控制。

我们一起看下官方的例子，prompt 都是"colorful risograph of a fig"。Risograph 是一种模板和专用油墨来制作的印刷风格，可以产生特殊的色彩和纹理效果。在 V5.2 模型中的具体效果如下：

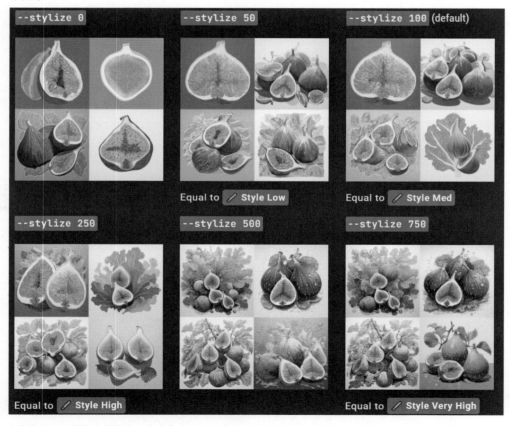

3.5.2 常用参数

1.aspect ratios

这个参数用于更改生成图像的宽高比。

它的参数命令为"--aspect"或者"--ar"。宽高比通常用冒号分隔的两个数字来表示，如 7：4 或 4：3。宽高比的默认比值为 1：1。

需要注意的是，宽高比必须使用整数表示。使用 --ar 123:100 而不是 --ar 1.23：1。

不同的 Midjourney 版本模型具有不同的最大宽高比。

	Version 5	Version 4	niji 5
Ratios	any*	1:2 to 2:1	any*

大于 2：1 的宽高比是实验性的，可能会产生不可预测的结果。

常见的宽高比如下：

--aspect 1：1 默认宽高比。

--aspect 5：4 传统打印比例。

--aspect 3：2 印刷摄影作品比例。

--aspect 7：4 高清电视屏幕或者手机屏幕比例。

2.chaos

这个参数影响图像随机性，数字越高，越容易有产生一些不同的结果；数字越低，一致性会更高，越容易产生可重复的结果。

它的参数命令为"--chaos"或者"--c"。默认 --chaos 值为 0，取值范围从 0~100。
chaos 的生成的效果，以官方效果为例。

低 chaos 0：

高 chaos 80：

3.quality

这个参数代表生成图像的质量。图片质量并不改变分辨率，它改变的是图片的细节丰富程度，需要注意的是，越高的质量虽然有更多细节，但是需要花费更多时间进行处理。

它的参数命令为"--quality"或者"--q"。默认 --quality 的值为 1，它的取值范围是 0.25、0.5、1。这个参数方便我们进行低质量快速调整 prompt，当构图和内容满意时再提高质量到 1 生成图片。

官方示例如下：

4.Weird

这个参数代表生成图像的怪异程度。它会在生成的图片结果中引入古怪和另类的元素, 从而产生独特且意想不到的结果。需要注意的是, 它在使用上可能跟 seed 参数功能有冲突。

它的参数命令为"--weird"或者"--w"。默认 -weird 的值为 0, 它的取值范围是 0~3000。

官方示例如下:

3.6 室内和建筑设计中后期调整效果图的方法

3.6.1 调整效果的方法

因为 Midjourney 生图的过程没有像 SD 一样的 ControlNet 插件进行控制，所以如果想要生成一张满意的效果图片，我们需要一点点抽卡的运气，还需要不断进行调整和优化的过程。

不过虽然过程有点玄学，但并不代表我们需要完全的撞大运。这个过程更像是做一个科学实验，我们在实验过程中需要不断调整变量以求得最终结果。

调整变量的规则：

❶ 每次只修改一个变量，其余内容保持不变。

❷ 每次优先针对一个变量修改，直到效果满意后再进行下一个变量的修改。

❸ 优先调整对画面影响较大的变量，因为影响较大的变量往往会影响其余变量控制的内容。

❹ 不能明确修改结果是否有效时，调高参数 chaos 多试几次进行对比。

❺ 可以使用 seed 参数辅助我们在一定程度上保持隐形变量。

3.6.2 实际调整的例子

根据我们之前 prompt 的结构规则"建筑类型或主体 + 环境 + 建筑风格 + 建筑师名字 + 立面风格 + 渲染风格 + 视角 + 灯光"，如果想生成一张在城市中的高层建筑，构建提示词如下：

"High building, Downtown, modernism architecture, Renzo Piano, Photovoltaic glass, Photorealism, Top-View, Direct Sunlight --v 5.2 --q 0.25"

生成效果如图：

根据规则我们首先修改主体描述, 将 High building 改为 One tall building, 生成效果如下:

满意后再针对另一个变量立面材质进行修改, 将 Photovoltaic glass 改为 Composite materials facade includes Glass and Metal, 得到如下结果:

不确定调整的效果时再试一次。

再调整视角变量, 将 Top-View 改为 Aerial-View, 结果如下:

获取一次种子，稳定隐形变量。

然后将质量恢复到正常值进行生图。

此时可以选择一张图片进行 V 变化, 以第四幅图为例。

可以选择增加一些细节或者根据需要改变光照, 如将 Direct Sunlight 改为 Night Lights, 生成效果如图:

这样我们就可以通过单一变量调整慢慢得到我们想要的效果图片了。

需要注意的是，在图片上进行 V 变化的效果要比 seed 锁定更加收敛，如使用 seed 锁定的 prompt：

"one tall building, Downtown, modernism architecture, Renzo Piano,Composite materials facade includes Glass and Metal, Photorealism, Aerial View, Night lights -v 5.2 -seed 3477283134 -s 400"

生成效果对比如下：

可以明显看出这次生成图片与之前的建筑在形状上有所差异。

当所有变量调节完毕后，我们最终可以选取一张图片进行 U 放大，作为最终效果图。

3.7 如何将 MJ 与 SD 融入室内、建筑概念设计工作流程

3.7.1 设计工作流程

目前设计工作流程主要分为 4 个阶段：前期沟通、概念设计、技术设计和施工交付设计。这是一个从快速发散到收敛，然后再次发散到再次收敛的过程。在这个过程中我们需要进行沟通需求、收集信息、总结设计文档、探索设计方向、生成设计概念、比选设计概念、模型构建、技术方案设计、施工方案设计等无数工作，而在这些工作中，AIGC 主要还是应用在探索发散和概念设计方面。

3.7.2 MJ 的优势和应用

目前 MJ 的优势集中在使用场景轻量化、生成图片速度快、生成图片效果好这三个方面，所以最适合 MJ 的使用场景有以下三种：

❶ 通过 MJ 生成的图片与甲方进行高效沟通，在这个阶段可以快速明确甲方的需求，帮助我们完成设计方案的信息收集。

❷ 经过总结后的设计关键词可以帮助我们形成可用的 prompt，通过 prompt 在 MJ 中大量生图寻找设计灵感。

❸ 在设计方向明确的前提下，生成大量收敛的图片辅助 SD 模型训练。

3.7.3 SD 的优势和应用

目前 SD 的优势集中在可控性强、模型效果丰富、可以通过自训练模型实现定向效果这三个方面，所以适合 SD 的使用场景有：

❶ 通过草图或体块控制完成概念比选。

❷ 形成固定效果的模型快速进行风格迁移。

❸ 进行效果图初步生成和针对部分细节的快速修改。

❹ 进行效果图片的放大处理。

第4章 室内、建筑设计中 Stable Diffuion 模型训练与微调概念

4.1 模型和微调理论基础

4.1.1 什么是模型微调

我们之前已经简单介绍了模型的概念，那这些 DB 模型、Lora 模型等本质的区别是什么？微调又是什么呢？

我们在原理章节介绍过 Stable Diffusion 根据模型来控制噪声的扩散过程，最终形成模型图像，在模型章节也介绍了 SD1.5 底模型是由机构使用大量图片和算力进行训练而成的，现实情况中往往个人用户没有大量图片和算力的资源，无法进行模型的完整训练，而微调的方法就是为了解决这个问题而产生的。

模型微调是在原模型基础上调整特定用例数据表现的过程。这通常是原模型以前并不包含的数据，或者在其原始训练数据集中表现性不足的数据。例如，原模型中并没有针对"现代中式风格"的训练素材，也无法正常表现这样的图片效果，通过微调，可以实现原模型针对"现代中式风格"更好地进行工作。

我们常常说的训练模型，针对个人来说，其实就是进行模型的微调，主要有以下 4 种方式。

4.1.2 Textual Inversion（Embedding）

翻译为文本翻转，定义为一个在现有模型中没有的关键词，通过冻结其他关键词来学习新的关键词和目标图片的映射关系，最后形成新给的关键词最好的 embedding 向量，好处是不改变模型，只是在原有模型的基础上学习一个新的映射关系。

需要注意的是，这种微调方法在不同的模型上效果不一致，embedding 结果只在微调模型上表现好，很难迁移到其他的模型上。

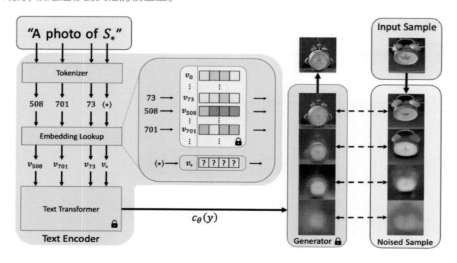

4.1.3 Hypernetworks

翻译为超网络，最开始由 Novel AI 开发，它将一个单独的小型神经网络插入原始模型的噪声预测器 U-Net 的注意力交叉模块（cross-attention）中，把 key 和 query 进行变换，从而影响整个 Diffusion 过程。在训练期间原模型的参数被冻结，而 Hypernetworks 网络参数可以改变。

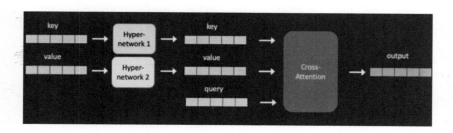

4.1.4 Dreambooth

翻译为梦幻展馆，由谷歌提出，其原理是针对文本部分扩展目标模型的关键词，将关键词和关联图片加入模型迭代时一起训练。由于 Dreambooth 会对整个模型做微调，所以单纯用 Dreambooth 进行训练的模型都可以通过 Stable Diffusion 底模型进行切换。

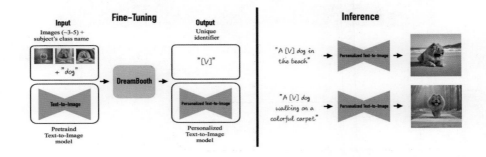

4.1.5 Lora

翻译为低序列适配，Lora 采用的方式也是原始模型的噪声预测器 U-Net 的注意力交叉模块（cross-attention）中插入新的数据处理层，同时其也优化了插入层的参数量，最终实现了一种很轻量化的模型调校方法。

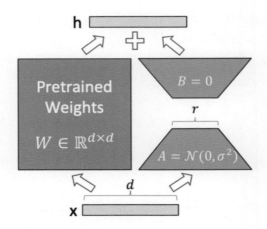

同时 Lora 针对参数量的调整是将一个大矩阵分解为两个小矩阵存储，能起到的作用可以用下图表示：

4.2 设计模型的训练集和 Tag

想要微调训练自己的模型，我们需要准备训练素材，这个过程主要进行以下三项：挑选训练集、图片处理和文本 Tag 打标。

4.2.1 挑选训练集

在准备训练时，首先需要确定的是我们的训练内容，针对室内设计和建筑设计，主要集中在以下几个方面：风格、角度、应用场景、材质、比例、体量。

风格：例如，中式现代、欧式现代、安藤、扎哈等，此类图集需要图片内全部的形态构成或艺术处理元素都是统一的内容。

角度：例如，正视、鸟瞰、45 度等，此类图集需要全部图片内容都是基于同一个视角进行构建。

应用场景：例如，客厅、卧室、图书馆、咖啡厅等，此类图集需要全部图片都是同一场景的图片。

材质：例如玻璃立面、红砖立面、瓷砖等，此类图集需要单张图片内单一材质占比超过 40%。

比例：例如，房间结构和家具的大小、室内家具的比例等，此类图集需要全部图片主体大小上都是同一种比例的图片素材。

体量：例如，空间与图像的景深、前后关系等，此类图集需要全部图片在空间上有统一的空间结构。

我们在针对训练内容进行分析后,需要挑选符合训练标注的图片进行整理。需要注意的是,训练集一般决定了训练效果的上限,它的统一性决定了训练最终的结果。根据训练内容的不同,需准备 20~100 张图片进行 DB 或者 Lora 的训练,一般来说越抽象复杂的训练需要的图片数量越多。例如,如果想训练工业装修风格,可以挑选图集如下:

image0010	image0011	image0012	image0013	image0014
image0015	image0016	image0017	image0018	image0019
image0020	image0021	image0022	image0023	image0024
image0025	image0026	image0027	image0028	image0029

4.2.2 图片处理

图集准备完毕后,需要对图片做进一步处理,首先明确的是我们所需要的图片像素,根据模型不同一般在 SD1.5 模型上训练,尺寸为 512 × 512,最大不要超过 768 × 768,在 SD2.0 以上版本训练,尺寸为 768 × 768,最大不要超过 1024 × 1024,宽高尺寸一定要为 64 的倍数。

对于低像素的图片，可以用之前介绍的方法进行高清处理，对于高像素的图片可以通过 Birme 网站进行批量裁切。

或者使用 SD 本身训练功能内的预处理图像模块，把训练素材文件夹路径填写到资源目录位置进行批量裁切。

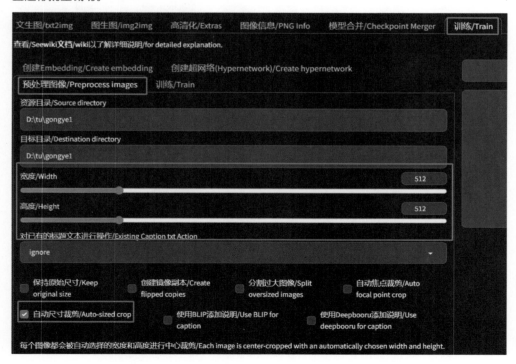

首先介绍两种自动打标签的方法。

第一种是通过 SD 训练功能内的预处理图像，把训练素材文件夹路径填写到资源目录位置，勾选"使用 Deepbooru 添加说明"选项进行批量打标签操作。

第二种是通过之前安装的插件 tagger 进行，选择从目录批量处理模块，输入目录填写处理好的图片目录，设置标签文件输出目录，其他有关模型和阈值功能与之前一致即可，点击反向推导即可批量打标。

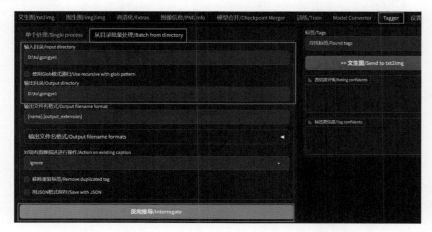

需要注意的是，这里可以使用附加标签功能为全部图片添加一个标签，这个标签会添加在首位，例如此处可以添加标签"DFQIndustrial style"用于训练后模型效果的触发词调用。

预处理生成 tags 打标文件后，就需要对文件中的标签再进行优化，遵循的原则如下：

❶ 把我们不想要触发词包括进去的元素，也就是不想进行训练的元素，尽量用模型已知的词语进行替代，比如 table。

❷ 把我们想触发词包括进去的元素，也就是我们主要训练的元素，尽量不要有词语进行描述，比如红砖墙是本次工业风格化训练的一部分，需要找到所有指向红砖墙的词语进行删除。

❸ 选用触发词需要尽量罕见，才能跟本身模型以前的词产生有效分离，例如刚刚使用的"DFQIndustrial style"。

最终形成的训练集如下：

总结

这节我们主要介绍了训练素材的准备工作和注意事项，形成可以进行使用的训练集。

4.3 Lora 训练和超参详解

4.3.1 训练工具安装

Lora 模型可以使用 Kohya-ss 所开源的 gui 进行训练, 开源地址如下:

‹ https://github.com/kohya-ss/sd-scripts

本地运行需要依赖 Python 3.10.6 以上版本及 git 环境, 安装地址如下:

‹ Python 3.10.6: https://www.python.org/ftp/python/3.10.6/python-3.10.6-amd64.exe

‹ git: https://git-scm.com/download/win

在进行 gui 安装前, 我们还需要授予 PowerShell 不受限制的脚本访问权限, 具体操作步骤: 以管理员模式启动 PowerShell 后, 执行"Set-ExecutionPolicy Unrestricted"命令, 并回答"A", 随后可以关闭该窗口。

```
管理员: Windows PowerShell                                    —   □   ×
Windows PowerShell
版权所有 (C) Microsoft Corporation。保留所有权利。

尝试新的跨平台 PowerShell https://aka.ms/pscore6

PS C:\Windows\system32> Set-ExecutionPolicy Unrestricted

执行策略更改
执行策略可帮助你防止执行不信任的脚本。更改执行策略可能会产生安全风险, 如 https://go.microsoft.com/fwlink/?LinkID=135170
中的 about_Execution_Policies 帮助主题所述。是否要更改执行策略?
[Y] 是(Y)  [A] 全是(A)  [N] 否(N)  [L] 全否(L)  [S] 暂停(S)  [?] 帮助 (默认值为"N"): A
```

重新开启一个 PowerShell 窗口, 在想要安装 gui 的目录下依次运行如下命令:

```
git clonet https://github.com/kohya-ss/sd-scripts.git
cdt sd-scripts

pythont -mt venvt venv
.\venv\Scripts\activate

pipt installt torch==1.12.1+cu116t torchvision==0.13.1+cu116t --extra-index-url
https://download.pytorch.org/whl/cu116
```

```
pipt installt --upgradet -rt requirements.txt
pipt installt -Ut -It --no-depst https://github.com/C43H66N12O12S2/stable-
diffusion-webui/releases/download/f/xformers-0.0.14.dev0-cp310-cp310-win_
amd64.whl

cpt .\bitsandbytes_windows\*.dll.\venv\Lib\site-packages\bitsandbytes\
cpt .\bitsandbytes_windows\cextension.pyt.\venv\Lib\site-packages\
bitsandbytes\cextension.py

cpt .\bitsandbytes_windows\main.pyt.\venv\Lib\site-packages\bitsandbytes\
cuda_setup\main.py
```

在执行"acceleratet config"后，它将询问一些设置选项。可以按照以下选项依次选择。

```
"Thist machine" -
"Not distributedt training" -
"NO" -
"NO" -
"NO" -
"all" -
"fp16" -
```

4.3.2 训练工具启动

在安装目录找到名为 gui 的 PowerShell 文件，右键点击后选中使用 PowerShell 运行。

出现以下提示后，可以根据网页地址进行登录。

进入后选中 Lora 训练功能。

此处选择要在哪个底模型上进行微调，建议选择本地模型，注意在 SD1.5 模型上进行训练时不可勾选下方 v2 和 v_parameterization 选项。

随后在 folders 标签页分别配置以下内容：

需要注意的是，Image folder 目录下指向的是训练集目录的上级目录，训练集目录命名规则一般是"降噪次数＜标识符＞＜类别＞"，如"10_DFQIndustrial style"表示"名为 DFQIndustrial 的对象，它是一个风格（类别），这个训练集内每张图片在单轮中的降噪处理次数为 10 次"。一般也称降噪次数为 Repeat，影响最终训练步数计算。

Regularisation folder 目录下放置的是正则化内容，命名规则是"降噪次数＜类别＞"，如"1_style"表示 style 文件夹下的图片都是风格的一种，正则化内容提供样本外的训练参照，避免了 token 之间的相互污染，同时可以减慢图像训练过拟合的速度。

Training parameters 标签页设置的是训练参数。

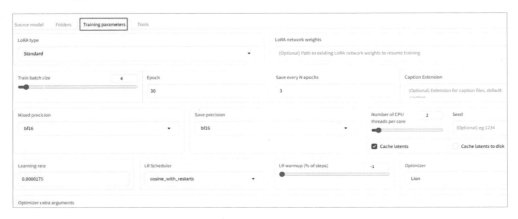

具体超参数说明如下。

① LoRA type：

默认为 Standard，即正常 LoRA，其他都是不同的矩阵低秩分解方法。LoRA 只控制模型中的线性层，LoCon 加入卷积控制，LoHa 使用 Hadamard 积来控制，理论上来说，同等参数下对模型的控制：LoRA ＜ LoCon ＜ LoHa。

同时各个方法对于抽象内容的控制也是依次递增的，因此训练实际物体建议使用 LoRA 或者 LoCon，训练抽象内容建议使用 LoHa。

② LoRA network weights:

此项允许在一个现有的 LoRA 模型上继续进行训练。

> LoRA network weights
>
> {Optional} Path to existing LoRA network weights to resume training

③ Train batch size:

训练中每步处理图片数, 大 batch size 相比起来会忽略更多细节, 更注重整体学习, 所以增加 batch size 需要相应提高学习率, 同时增加批量大小会导致显存使用量增加。

④ Epoch:

训练轮数, 本次训练遍历训练内容轮数, 此处引申出训练步数的概念。训练步数 =(图片数量×降噪次数× epoch)/ 批次大小, 如果不能整除会产生超训练学习问题造成训练步数的增加。

⑤ Save every N epochs:

每几轮保存模型一次, 由于我们并不能确定训练结束得到的模型是最好的, 所以需要在中间过程进行保存。

Train batch size	4	Epoch	30	Save every N epochs	3

⑥ mixed precision 和 save precision:

混合精度和保存精度。在机器学习中, 通常用 32 个 [0,1] 序列来表示一个数值。通过将部分数值转换为 16 个序列, 可以大大提高计算速度并减少显存使用量。虽然精度会降低, 但对于制作 Lora 而言似乎不是什么大问题。通常情况下我们使用 fp16 方法, 但它能处理的数值范围变得更窄, 无法应对过大或过小的数值。因此可能出现计算结果太大而无法计算(这就是 NaN 的结果) 或者认为所有小数都是 0 导致学习无法进行的情况。

采用 bf16 时, 可处理的数值范围与 fp32 相同, 但精度损失会更严重。由于可处理的数值范围较广, 在学习错误和学习停滞方面比 fp16 要稳定一些。尽管 bf16 更好, 但它还属于较小众技术, 某些在 20 系以下的显卡并不支持 bf16 的格式。

Mixed precision	Save precision
bf16	bf16

⑦ Learning rate:

学习率指的是一步训练中的步长,就像上台阶的脚步越大,学习速度就越快,但也更容易踩空。在机器学习中, 脚步迈得太大可能会一下跌落下去。反过来, 如果太小了, 则永远无法走上台阶。

通常将大模型 Checkpoint 设为 5e-6 ~ 1e-5、LoRA 设为 1e-4 ~ 1e-3、ControlNet 设为 1e-5 ~ 5e-5、PFG 设为 1e-5。1e-5 这样的表示方式意味着有前面五个零: 0.00001 (包括小数点左侧)。

⑧ Text Encoder learning rate 和 Unet learning rate：

文本编码器学习率和 Unet 学习率。文本编码器学习率和 Unet 学习率通常是不同的，因为学习难度不同，通常文本编码器学习率比 Unet 学习率低，一般将其设置为 Unet 一半左右的学习率效果会比较好。

如果 Unet 训练不足，那么生成的图会不像，Unet 训练过度会导致面部扭曲或者产生大量色块。文本编码器训练不足会让出图对 prompt 的服从度低，文本编码器训练过度则会生成多余的物品。

Text Encoder learning rate Optional	Unet learning rate Optional
0.00005	1e-4

⑨ LR Scheduler：

学习率调节器直接作用于学习率，通常而言自带的包括线性、余弦、余弦硬重启、多项式、常量、常量预热 6 种。

最常用的两种是常量和余弦硬重启 2 种。

简单的解释区别为，常量可以被看作固定增加砝码让最后效果最好，每次增加砝码的数量相同。

而余弦硬重启因为先大后小，整个增加的过程就变长了，但因为是可以慢慢变小的，效果更好，上限更高。

LR Scheduler

cosine_with_restarts

adafactor

constant

constant_with_warmup

cosine

✓ cosine_with_restarts

linear

polynomial

⑩ LR warmup:

学习率预热比例，由于刚开始训练时模型的权重是随机初始化的，如果此时选择一个较大的学习率，可能会带来模型的不稳定。学习率预热就是在刚开始训练的时候先使用一个较小的学习率，先训练一段时间，等模型稳定时再修改为预先设置的学习率进行训练。如果开启预热，预热步数应该占总步数的 5%~10%。如果使用带重启的余弦退火 cosine_with_restarts，重启次数不应该超过 4 次。

⑪ Optimizer:

简单来说优化器是一个决定行走方式的算法。优化器的作用就是根据当前模型计算结果与目标的偏差，不断引导模型调整权重，使得偏差不断逼近最小。Adafactor 和 Lion 是推荐使用的优化器。

这里只介绍以下四种：

AdamW8bit: 启用的 int8 优化的 AdamW 优化器，默认选项。

Adafactor: 自适应优化器，对 Adam 算法的改进方案，降低了显存占用。参考学习率为 0.005。

Lion: Google Brain 发表的新优化器，各方面表现优于 AdamW，同时占用显存更小，可能需要更大的 batch size 以保持梯度更新稳定。

DAdaptation: FB 发表的自适应学习率的优化器，调参简单，不需要手动控制学习率，但是占用显存巨大（通常需要大于 8G）。使用时设置学习率为 1 即可，同时学习率调整策略使用 constant。需要添加"-optimizer_args decouple=True"来分离 Unet 和 TE 的学习率。

⑫ Network Rank (Dimension):

表示 Lora 神经网络的维度大小，维度越大，模型的表达能力就越强，但并非越大越好。一般情况如果训练 lora，该值不要超过 64；如果训练 loha，该值不要超过 32；如果训练 locon，该值不要超过 12。如果需要训练的内容特别抽象且复杂，或者训练素材超过 400，可以酌情增加。

⑬ Network Alpha:

alpha 在训练期间缩放网络的权重，alpha 越大拟合越慢，alpha 基本上应该取 1 作为最优值。但是综合考虑到 alpha 调整和学习速度调整，alpha=rank/2 效果也不错。

Network Rank (Dimension)	64	Network Alpha	1
		alpha for LoRA weight scaling	

⑭ Enable buckets 和 Max resolution:

可以免于剪裁图片，需要配合 Max resolution 使用，用非固定宽高比的图像来训练，会增加训练时间，不建议开启。

Allow non similar resolution dataset images to be trained on.

☐ **Enable buckets**

⑮ Stop text encoder training:

设置文本编码器训练停止轮数，停止 TE 训练过拟合，一般保持默认 0，即不启用。

Stop text encoder training   0

After what % of steps should the text encoder stop being trained. 0 = train for all steps.

点击 Advanced Configuration 可以开启高级设置，这里就不全部介绍了，只介绍一些用得上的。

Advanced Configuration

Weights   Blocks   Conv

⑯ Gradient accumulate steps:

梯度累积步数，在较小的批量大小下可以在一定程度上模拟较大批量大小的训练效果。

在需要使用大 batch size（如优化器 lion）但显存不足时可以尝试使用。如果显存足够使用 4 以上的 batch size 就没必要启用。具体体现为实际 batch size= batch size ×梯度累积步数。

Gradient accumulate steps

1

⑰ Clip skip:

与 SD WebUI 中的 Clip skip 一样, 训练也可以手动控制跳过的 Clip 阶段, 一般二次元使用 NAI 模型训练时会用 2, 我们在用 SD1.5 模型训练使用 1 即可。

⑱ Max Token Length:

最大 token 长度, 如果 tag 比较多, 可以调整到 150, 否则保持 75 即可。

⑲ Gradient checkpointing:

梯度检查点开启后我们可以使用更大的 batch size, 会增加单次训练时长。虽然单次训练的时长增加了, 但如果我们增大了 batch size, 总的学习时间实际上可能会更短。

⑳ Use xformers

没啥可说的, xformers 显存优化, 能开则必开。

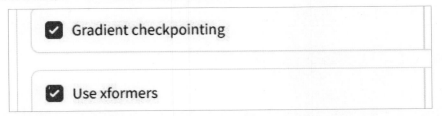

㉑ Noise offset:

在训练过程中加入全局的噪声,可以让图像在亮和暗的表现上更加明显,如果开启建议 0.1。

㉒ Multires noise iterations 和 Multires noise discount:

多分辨率金字塔噪声相关参数。iteration 设置在 6~8, 再高提升不大。discount 设置在 0.3~0.8, 更小的值需要更多步数。不能和 Noise offset 同时开启。

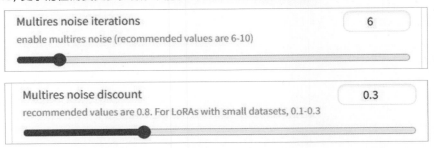

Noise offset		Multires noise iterations	
recommended values are 0.05 - 0.15	0	enable multires noise (recommended values are 6-10)	6

㉓ Dropout caption every n epochs 和 Rate of caption dropout：

在 Drop out caption every n epochs 中，我们可以指定每隔多少 epoch 就剔除一些标记；在 Rate of caption dropout 中，我们可以指定剔除几成的标记，一般选择 0.2~0.5 的值能够有效防止 tag 过拟合。

Dropout caption every n epochs	Rate of caption dropout	
3		0.25

点击 Train model 按钮可以开始训练，训练开始后点击 Start tensorboard 按钮可以开启训练数据看板。

Train model
Print training command

Start tensorboard	Stop tensorboard

开启训练后出现步数进度则表示训练正式开始。

```
ed list, this should only matter to you if you are using storages directly.  To access UntypedStorage directly, use tensor.untyped_storage() instead of tensor.storage()
and inp.query.storage().data_ptr() == inp.key.storage().data_ptr()
steps:   0%|                                                                    | 1/10080 [01:47<300:21:09, 107.28s/it, loss=0.0517]
```

这里的 loss 值代表目前模型跟训练集的理论最像值有多少差别，一般在最终 loss0.05~0.1（比较好的泛化效果）内完成 unet 层（图像）和 text（文本）层的同步拟合的模型就是我们想要得到的模型。

4.4 Dreambooth 训练和超参详解

4.4.1 创建 DB 模型

DB 训练一般要求本地显存在 12G 以上才可以正常训练，如果本地设备不能满足训练条件，可以使用其他云端服务平台进行租赁。在使用 Dreambooth 插件进行模型微调训练时，需要创建一个初始化的模型，后面训练微调会在此基础上进行梯度更新。选择 Dreambooth 功能并点击模型区域的 Create 标签。

我们输入一个想要给模型取的名字后，在 Source Checkpoint 可以选择以哪个模型为基础进行训练，这里的模型对应的就是本地 /models/Stable-diffusion/ 下的模型文件，此处选择 SD1.5。

需要注意的是，在模型的选择上，SD1.5 模型或者 2.1 模型也有很多版本。

📄 v1-5-pruned-emaonly.ckpt ✓ 🔲 pickle		4.27 GB
📄 v1-5-pruned-emaonly.safetensors ✓		4.27 GB
📄 v1-5-pruned.ckpt ✓ 🔲 pickle		7.7 GB
📄 v1-5-pruned.safetensors ✓		7.7 GB

Pruned 代表此模型经过剪枝，它通过去除决策树或神经网络中不必要的决策或连接来减小模型的大小以及预测时的计算负担，从而提高模型的推理速度和存储效率。

EMA 使用指数衰减加权平均的方法来估算值的变化趋势。在神经网络的训练中，EMA 通过取最近 n 步权重的平均值，可以使得模型更稳定。

一般来说，使用包含 EMA 的模型进行训练和推理可以带来更好的泛化性和稳定性，但是会增加复杂性并且增加了训练时间。另外，使用不包含 EMA 权重的模型可以提供更简单的推理过程和更快的训练速度，但更容易出现过拟合或者不收敛的问题。

其他可以勾选的参数如下：

Create From Hub 选项是决定使用本地模型还是从云端下载模型作为源模型进行训练。

512xModel 选项是决定要训练的模型分辨率，勾选后就是 512X512，但如果想训练768X768 的模型就不要勾选，具体与准备的训练素材有关。

Extract EMA Weights 选项决定是否要使用模型内的 EMA 权重参与训练。

这里以 SD1.5 为例，7G 模型中包含了 EMA 和 NOEMA 的全部信息，所以在创建模型时可以通过勾选 Extract EMA Weights 项选择是否使用 EMA 权重。如果勾选，那其实训练效果跟使用只保留 EMA 的 4G 模型进行训练会有类似结果。

Unfreeze Model 选项决定是否冻结原模型参数，勾选代表我们将模型全部解冻，实际训练时更新的参数更多，需要显存也更大。但是这也代表着训练效果可能比不冻结的训练效果更好。

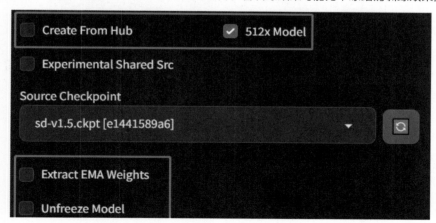

　　点击 Create Model 按钮，在 Output 处可以看到创建的日志和状态，创建出来的模型会作为中间数据保存在 /models/dreambooth 路径下，它是包含 logging、samples、working、db_config.json 等多个子路径和文件夹的工作空间，而不是一个单纯的文件。只有在训练结束后我们才能得到模型文件，模型文件将存放在对应本地 /models/Stable-diffusion/ 下的文件夹中。

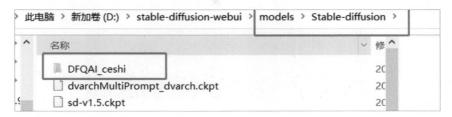

　　等待一会，插件就会完成创建，在左边的 Model-Select 处可以看到自己刚创建出来的模型。

　　此时会发现 Input 菜单解锁，我们可以配置训练参数了。

4.4.2 Settings 部分

　　Settings 部分主要需要针对训练参数进行设置。

　　Performance Wizard (WIP) 按钮可以根据本地 PC 性能自动设置训练参数，可能并不完美，但至少可以有一个好的开始。

Performance Wizard (WIP)

Use LORA 代表用 LORA 方式训练，不建议使用。使用 LORA 方式训练肯定是降低了训练消耗的，因为更新的参数量较少，也因此效果会有所下降，点击后会出现 Use LORA Extended，LORA 的拓展版应该是增加了更多的可训练参数的。

Train Imagic Only 代表一种特殊的微调训练方法，是一种基于文本的真实图像编辑方法，仅针对单张图片试图改变它的内容。

Training Steps Per Image (Epochs)

代表每张素材图片训练多少次，它和训练集图片数决定总训练步数。

Pause After N Epochs 和 Amount of time to pause between Epochs (s)

每 N 个 Epochs 暂停一次，每次暂停多少秒，用于防止显卡烧坏。

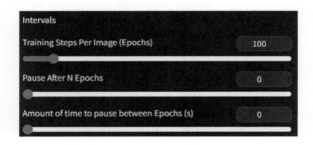

Save Model Frequency (Epochs)

每多少个 Epochs 保存一次模型，如果硬盘够大就把这个值尽量减小，跟 LORA 中保存逻辑类似。

Save Preview(s) Frequency (Epochs)

每多少个 Epochs 生成一张预览图，可以跟保存模型同步。

Batch Size

每批数量，概念跟 LORA 训练一样。

Gradient Accumulation Steps

梯度累加步数，概念跟 LORA 训练一样。

如果启用需要注意训练集数量可以被这两个值的乘积整除。

Class Batch Size

正则化，也就是所谓的先验损失每批数量，即所在图像的处理的每批数量。

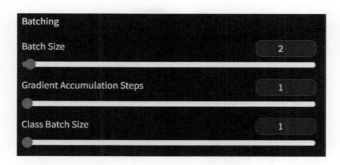

Set Gradients to None When Zeroing

用于优化显存占用的选项，通常会占用更少的内存，并且可以适度提高性能，建议开启。

Gradient Checkpointing

梯度进度记录，跟 LORA 一样，降低显存占用但是降速。

Learning Rate

学习率，概念跟 LORA 训练一样，不过 DB 训练更容易过拟合，建议数值介于 6e-6 和 1.75e-6 之间，如果调高 batch size 之类的，可以适当按倍数调高学习率。

Learning Rate Scheduler

学习率调度器，概念跟 LORA 训练一样，按自己喜欢的来。

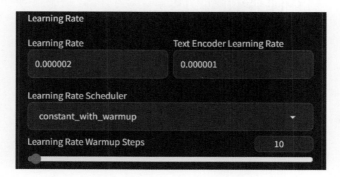

Image Processing

设置图像尺寸的最大分辨率，可以设置为 512 或 768，使用高于 512 的分辨率会占用更多的显存。

Apply Horizontal Flip

训练时将训练集进行水平翻转，可以使训练素材加倍，但是效果跟自己把训练素材进行水平翻转后加入没区别，不建议使用。

Dynamic Image Normalization

通过数据集中的平均偏差对每一个图像进行归一化，有利于保存图片相似性。

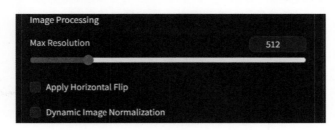

Use EMA

选择是否为训练使用 EMA 算法，开启可以使训练中梯度下降更稳定同时避免过拟合问题，但是占用更多显存，有条件的可以开。

Optimizer

优化器，概念跟 LORA 训练一样，选自己熟悉喜欢的。

Mixed Precision

选择训练混合精度，概念跟 lora 训练一样，建议使用 bf16 或者 fp16。

Memory Attention

使用显存的类型，建议选 xformers 内存优化，注意只能跟 bf16 或者 fp16 一起用。

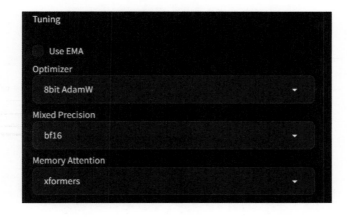

Cache Latents

"潜伏"缓存，消耗一定显存提升训练速度，能开可以开。

Train UNET

不开就是不训练 UNET，效果等于 Textual Inversion (Embedding)，必须开启。

Step Ratio of Text Encoder Training

影响文本编码器的训练程度，一般置 0.1~0.8，设置越高显存占用越大，文本部分越容易过拟合。

Offset Noise

全局噪声，概念跟 LORA 训练一样，可以开 0.1。

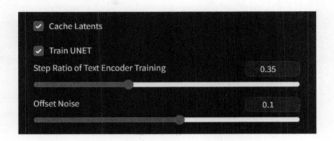

Freeze CLIP Normalization Layers

冻结 CLIP 层，据说会提高训练后的模型效果。

Clip Skip

选择跳过的 clip 层数，概念跟 LORA 训练一样，根据训练类型选。

Weight Decay、TENC Weight Decay 和 TENC Gradient Clip Norm

有关 clip 选项本身比较玄学，保持默认即可。

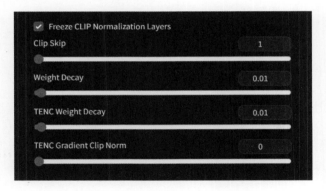

Pad Tokens

自动补满 token，一般不需要选择。

Strict Tokens

严格按分隔标点进行 token 分隔，训练 tag 多的时候可以选。

Shuffle Tags

将 tag 随机打乱，一般不需要选择。

Max Token Length

最大 token 长度，概念跟 LORA 训练一样，看情况选 75 或者 150。

Scale Prior Loss

详细调节正则化也就是所谓的先验损失部分，DB 训练的特色，保持默认不开启即可。

Prior Loss Weight

计算正则化也就是所谓的先验损失时使用的权重。默认使用 0.75 即可。

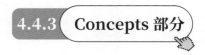

4.4.3 Concepts 部分

Concepts 部分主要针对数据路径、prompt 与正则化内容进行调整。Training Wizard (Person) 和 Training Wizard (Object/Style)。这是两个分别为人物和风格预设的配置按钮，弃用。

Concept

一个训练概念就是一个 Concept，DB 最多可以同时训练 4 个概念，避免不同概念的相互污染，需要分别设置对应的 Concepts 参数和训练数据集。

Directories

输入训练数据的目录和正则化图片目录。

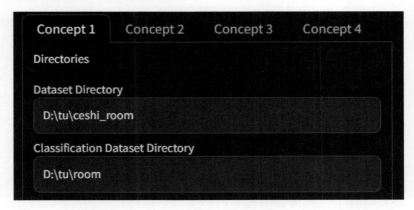

Instance Token 和 Class Token

如果下面的 Traning Prompts 使用 [filewords]，作用是添加 / 删除脚本，为正则化素材对应的提示词文本中的 Istanc Token 提示词内容，同理在正则化提示词中增加 Class Token 填写的提示词内容。这里的 Istance Token 所代表的就是我们需要 DB 训练的关键提示词，也是在训练素材需要时准备加在所有 tag 开头的部分。需要注意的是，正则化提示词需要能被源模型准确识别，不然无法产生有效的正则化效果。

Instance Prompt

训练素材的提示词,可以输入 [filewords] 以使用在带有图像文件名的 txt 文件中编写的提示。

Class Prompt

道理同上，需要注意的是如果在 Filewords 中没有进行设置，此处需要手动填写。

Classification Image Negative Prompt

为生成正则化图像设置的反向提示词。此处也可以适当加入 tag 文件中的描述词，加大正则化图片和训练素材的样本区别。

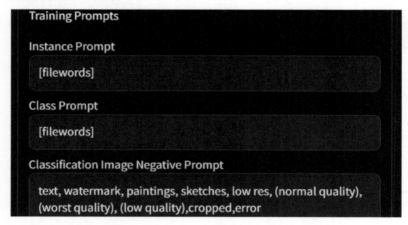

Sample Image Prompt

训练时生成效果样本图片的提示词，可以输入 [filewords] 会随机抽取带有图像文件名的 txt 文件中编写的提示进行生成。

Sample Negative Prompt

训练时生成效果样本图片的反向提示词。

Sample Prompt Template File

使用指定文本文件生成训练时生成效果样本图片。

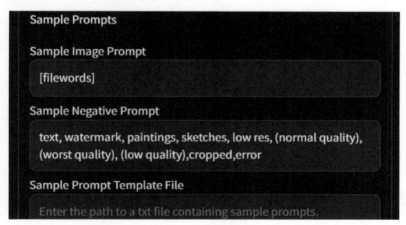

Class Images Per Instance Image

设置生成正则化图片数量的选项，此处会根据训练集中图片数量和之前的正则化设置生成对应倍数的正则化图片。如训练集中有 10 张图片，此处数值为 4 时，将根据设置的 prompt 生成 40 张正则化图片，生成数值为 0 时，实际上并没有进行正则化的内容产生。

Classification CFG Scale 和 Classification Steps

用于调节生成正则化图片时每张图片的 CFG 和步数。

使用指定文本文件生成训练时生成效果样本图片。

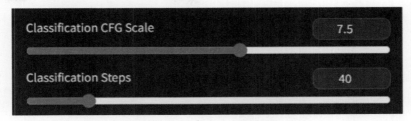

Number of Samples to Generate

调节训练时生成效果样本图片数量，其他是生图参数，与文生图类似，不再赘述。

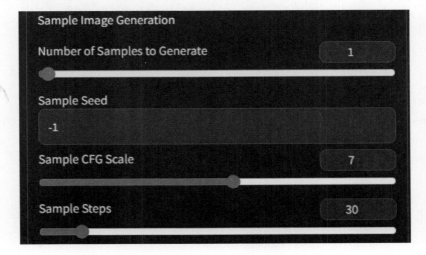

4.4.4　**Saving 部分**

Saving 部分主要设置模型保存策略。

Custom Model Name

用于给保存的模型文件起个名字。

Save EMA Weights to Generated Models

将 EMA 权重保存到生成的模型中，保持默认即可。

Use EMA Weights for Inference

使用 EMA 权重进行推理，保持默认即可。

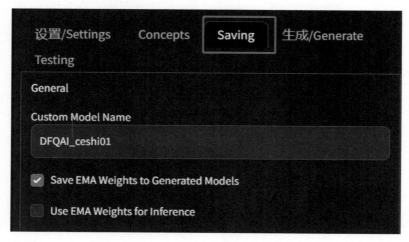

Half Model

使用半模型形式进行保存，只保存一半的参数，对应体积也只有一半，对推理使用没影响。

Save Checkpoint to Subdirectory

在子目录中保存检查点，需要选。

Generate a .ckpt file when saving during training.

在训练过程中保存时生成 .ckpt 文件，需要选。

Generate a .ckpt file when training completes.

训练完成后生成 .ckpt 文件，需要选。

Generate a .ckpt file when training is canceled.

取消训练时生成 .ckpt 文件。

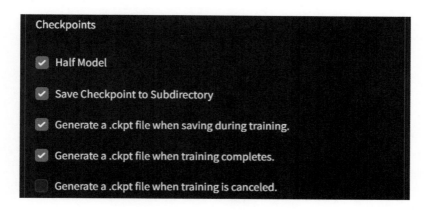

training snapshots

训练快照，就是选择模型时可选的部分，用于记录训练节点并恢复训练，不建议开启。

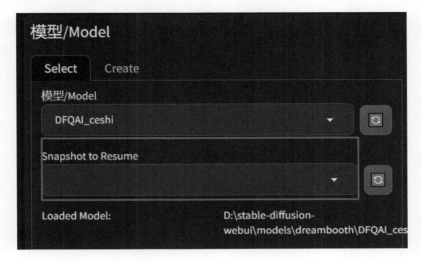

Save separate diffusers snapshots when saving during training.

训练时保存单独的扩散器快照。

Save separate diffusers snapshots when training completes.

培训结束后保存单独的扩散器快照。

Save separate diffusers snapshots when training is canceled.

取消培训时保存单独的扩散器快照。

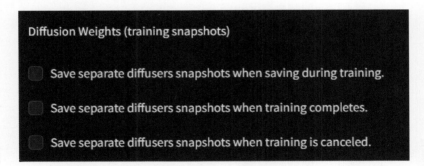

4.4.5 Generate 和 Testing 部分

Generate 部分主要设置模型并生成图片，没有难以理解的内容，如可以在此生成之前设置的正则化图片。

Testing 部分主要是一些实验性内容，一般训练不需要使用，此处也不再赘述。

4.4.6 开始训练

当全部内容设置完成后，我们需要先点击保存按钮进行配置的保存。

这样保存成功后每次可以直接点击读取按钮进行配置的读取，因为 DB 训练中涉及 prompt 的设置内容多且复杂，重复调整训练时在之前的设置上修改会轻松许多。

点击训练按钮即可开始训练。

相关的训练进度会在 Output 窗口和 CMD 窗口进行展示。

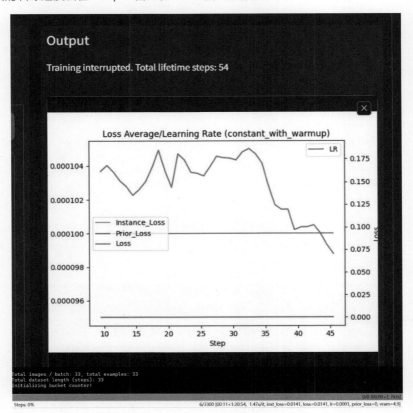

4.5 训练结果分析

模型训练完成后，要对训练好的这些模型进行测试，以找出最适合的那个模型（哪个模型在哪个权重值下表现最佳）。以训练的 LoRA 模型为例。

- -

4.5.1 权重拟合测试

在 LoRA 模型目录 /models/lora 下新建一个文件夹命名为 ceshi，然后把训练好的 LoRA 模型全部放入。

打开 SD WebUI，在大模型里先加载 LoRA 模型训练时的底模，在 prompt 区域填上一些必要的提示词和参数，然后加载一个刚才训练好的 LoRA 模型，如 000001 模型。需要注意的是，为了方便对比效果，这里可以尽量减少质量词的使用。

接下来把引入的 LoRA 模型的调用提示词内容用其他符号替换想要测试的编号和变量，如用 Num 表示模型编号，替换 000001；用 WSTR 表示权重变量，替换 1。

在底部的脚本栏中调用 X/Y/Zplot 脚本，设置模型对比参数。

将其中 X 轴类型和 Y 轴类型都选择「提示词搜索 / 替换」PromptS/R。

X 轴值输入：Num, 000001, 000002, 000003, 000004, 000005, 000006, 000007, 000008, 000009, 000010 对应模型序号。

Y 轴值输入：WSTR, 0.5, 0.6, 0.7, 0.8, 0.9, 1 对应模型权重值。

这样就形成了一张模型测试对比表。

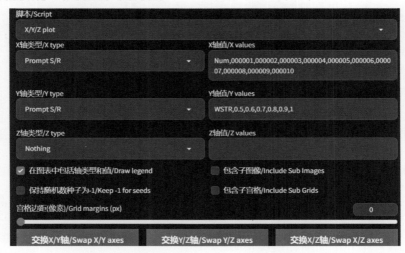

这里选取一个可以收敛的采样器，如 DPM++ 2M SDE Karras,并设置其他参数,设置完毕后,点击生成按钮，开始生成模型测试对比图。

通过对比生成结果，选出表现最佳的模型和权重值。

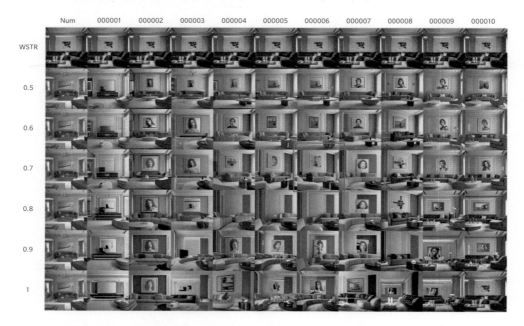

把选出的 LoRA 训练模型做一个规范化命名，如 DFQAI_fashi，刷新 LoRA 模型列表就能加载使用。

4.5.2 采样方法和 CFG 测试

这时我们再增加质量词，测试一下这个模型对 CFG 和采样器的敏感程度。

继续选择 X/Y/Z 脚本，X轴选择采样器，X轴值输入对应测试采样器型号。
Y轴选择提示词引导系数，Y轴值输入 5, 6, 7, 8对应 CFG值。

通过对比生成结果，选出表现最佳的采样器和 CFG。

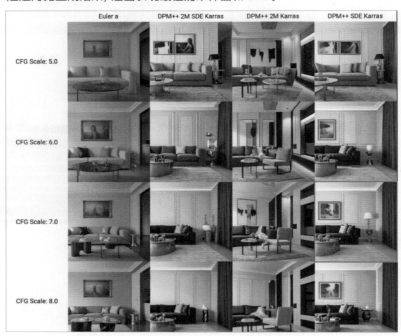

4.5.3 泛化性测试

再测试一下此 LoRA 在不同底模型上的泛化性，同样适用 X/Y/Z 轴脚本，X 轴选取模型名称，X 轴值输入对应测试模型的名字，点击生成按钮，开始生成模型测试对比图。

测试结果如下：

4.5.4 保存预览图

我们再次使用效果满意的模型进行一次效果图片的生成，可以使用之前测试中认为效果满意的参数，生成结果如下：

此时在 LoRA 附加网络中点击更新预览图片按钮。

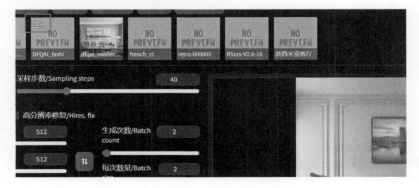

将此图片保存为预览图，方便以后对此 LoRA 进行调用选取。

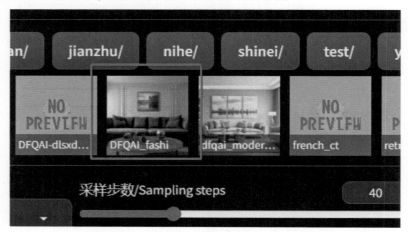

至此，我们对这个新训练的 LoRA 模型已经有了基本的认知，可以进行实际使用。

4.6 室内和建筑设计模型的融合与调整

4.6.1 底模型的调整

有关底模型的内容之前我们已经介绍过底模型的 ckpt 格式和 safetensors 格式, 也介绍过 Pruned 剪枝和 EMA 的概念, 这些相关的操作都可以通过 Model Converter 插件进行。

在功能标签中选中 Model Converter, 可以看到如下页面:

模型 /Model 这里可以选择想要调整的模型文件, 选择的文件处于本地 /models/Stable-diffusion/ 文件夹下。

此处以 v1-5-pruned.ckpt 模型为例, 这是一个 7.7GB 大小, 同时包含 EMA 权重和 NOEMA 权重的模型文件, 具体说明和下载地址可以查看 https://huggingface.co/runwayml/stable-diffusion-v1-5 页面。

在自定义名称 Custom Name 中输入我们给更改后模型所起的名字, 如 SD1.5-ema。

Precision 可以选择数据存储的浮点类型，fp32 相比 fp16 存储了更多的小数。fp16 的模型精度较低，可能影响模型的性能和精度，但它可以减少模型的存储空间和计算量，从而提高模型的训练和推理效率。

Pruning Methods 可以进行 Pruned 剪枝选择，如 no-ema 代表移除 ema 权重，只保留原始推理数据权重，ema-only 代表只保留 ema 权重。

Checkpoint Format 可以选择我们想存储的文件格式。

Fix clip 由于有时在模型合并过程中 CLIPposition_id 的精度可能会在压缩过程中降低，这可能会同时导致 clip 偏移。例如，Anything-v3 这个模型就有此问题，勾选此选项保留 clip 位置重置为 torch.Tensor([list(range(77))]).to(torch.int64)，用于修复 clip 偏移问题。

Show extra options 勾选附加功能可以针对模型的任何部分 (unet、文本编码器 (clip)、vae) 进行转换 / 复制 / 删除操作。

点击下方的运行按钮，等待一会就完成转换。

这样我们就得到了一个半精度的 SD1.5 模型，这个模型只保留了 EMA 权重，并且以 safetensors 格式进行保存。

4.6.2 底模型的融合

我们可以通过模型合并 Checkpoint Merger 功能标签在 SD WebUI 中进行模型的融合。例如，将一个写实风格的模型和一个平面风格的模型融合试图得到一个 2.5D 风格的模型，但是训练方式、模型结构、分层权重调整等原因，导致模型融合的效果并不稳定，所以在此只做简单介绍。

这个功能最多可以将 A、B、C 三个模型进行融合。

一般只进行 A、B 两个模型的融合，插值方法需要选加权和 /Weighted sum。

最后融合公式 =(A × (1-M))+(B × M)，简单来说 M 越小，新模型越接近 A 模型，M 越大，新模型越接近 B 模型。

如果选取 A、B、C 三个模型进行融合，插值方法需要选加上差值 /Add difference。

最后融合公式＝ A + ((B − C)*M)，此时 M 只影响 B、C 模型之间的区别，并最终将此区别融合到 A 模型中。

需要注意的是，融合模型时最好提前把模型的 EMA 权重剪掉，因为只要是融合模型，那么 EMA 就不能准确的反应 Unet，此时的 EMA 等于垃圾数据。

点击开始合并后，等待一会，我们将在本地 /models/Stable-diffusion/ 文件夹内看到融合的模型文件。

测试结果如下:

第5章 利用建筑线稿出 AI 效果图

5.1 模型和微调理论基础

5.1.1 什么是模型微调

在 SD 中，我们使用线稿时主要用到的 ControlNet 分别是 Canny、Scribble、MLSD、Lineart 这几个类型。

1. 最简单的使用方式是在 ControlNet 窗口中上传一张线稿。

2. 然后预处理器使用 invert (from white bg & black line)，勾选启用、完美匹配像素、允许预览，处理结果如下：

3. 选择 Canny、Scribble、MLSD、SoftEdge、Lineart 任意一个模型，使用 prompt：

"masterpiece,best quality,super detailed,realistic,photorealistic, 8k, sharp focus,a photo of a building, glass, sunlight

Negative prompt: text, watermark, paintings, sketches, low res, (normal quality), (worst quality), (low quality),cropped,error"

4. 生成图片的结果如下：

可以看到此时控制强度并不能很好地还原线稿中的建筑结构，所以这种方式比较适合获取设计灵感的发散阶段使用。

5.1.2 如何根据线稿做判断

我们之前已经详细介绍过设计方面各个类型的预处理器，其中大部分都是跟对应模型才能达到比较客观的控制效果，所以我们需要针对线稿的内容和特点进行 ControlNet 处理模式的判断，以下举几个实际的例子。

1. 线稿线条复杂

在线稿线条十分复杂的情况下，我们需要使用 Canny 类型以达到一个好的控制效果，因为 Canny 在处理线稿图片时，可以调节线条的检测内容，通过检测的内容实现画面控制。比如，此图杂线较多：

(1) 在使用 Canny 时，我们尽可能调高阈值筛选掉不必要的线条，处理结果如下：

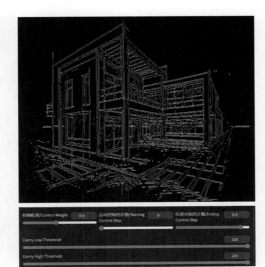

(2) 由于不能让多余的线条完全消失，所以此时需要适当调低 ControlNet 的控制强度。

(3) 最终使用 prompt：

"masterpiece,best quality,super detailed,realistic,photorealistic, 8k, sharp focus,a photo of a house, outdoor, mountains, sunlight

Negative prompt: text, watermark, paintings, sketches, low res, (normal quality), (worst quality), (low quality),cropped,error"

(4) 成图如下：

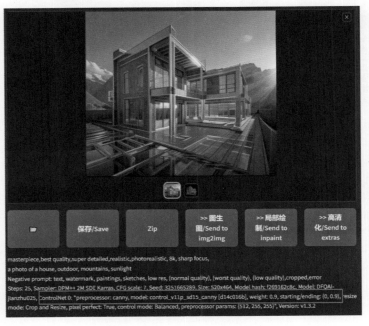

（5）有时我们也可以尝试使用 lineart_anime，可能会有惊喜，但是缺点是不能调节线条，处理效果如下：

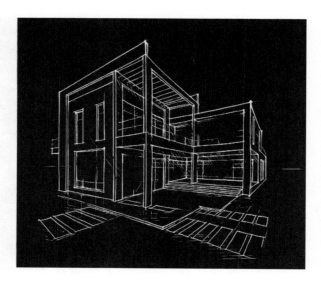

（6）生成图片效果如下：

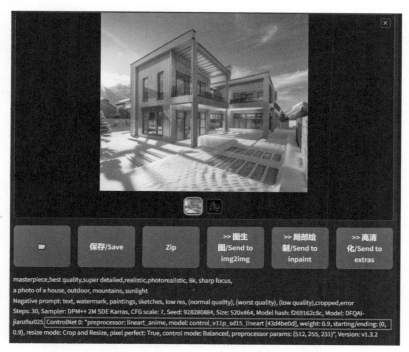

2. 线稿线条简单

针对线条比较简单的线稿，或者可以说是涂鸦，比如下图：

 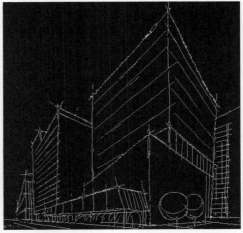

(1) 使用 Scribble 模型时，它会帮助我们增加发散的细节内容，此时可能需要加强 ControlNet 的控制能力，选择以 ControlNet 为主模式，同时调高权重。

(2) 生成图片效果如右侧图所示：

3. 线稿线条直线多

如果线稿中大部分为直线，我们首选使用 MLSD，如此图：

（1）MLSD 由于只检测直线部分，所以可以帮我们过滤掉图片中并不需要的光影和歪曲杂乱的线条，处理结果如下：

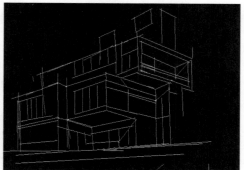

（2）这样我们能更好地还原建筑结构，但是由于只检测直线，所以图片内容会有一定缺失，也需要我们稍微降低 ControlNet 控制强度来实现模型的自动补齐。

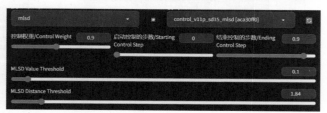

（3）最终生图结果如右侧图所示：

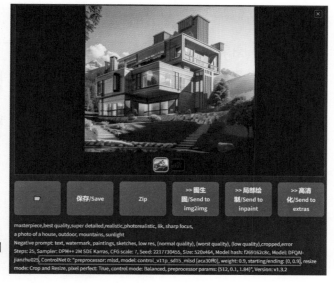

4. 线稿线条曲线多

如果线稿线条中曲线较多, 如此图:

(1) 我们可以直接使用 lineart_realistic 进行处理, 此时结构可以最大限度被画面保存, 处理结果如下:

(2) 使用 prompt:

"masterpiece,best quality,super detailed,realistic,photorealistic, 8k, sharp focus,a photo of a building, outdoor, sea, sunlight

Negative prompt: text, watermark, paintings, sketches, low res, (normal quality), (worst quality), (low quality),cropped,error"

(3) 生成图片效果如右侧图所示:

5.2 利用室内毛坯照片出 AI 效果图

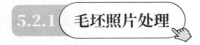

5.2.1 毛坯照片处理

想要用室内毛坯照片生成效果图，我们首先需要对照片进行处理，例如，使用如下照片：

首先在 CN 中使用局部绘制删除多余的物品内容，可以使用 inpaint_only+lama 预处理器并涂抹掉物品。

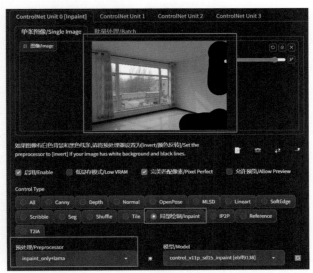

生成效果如下：

然后使用 MLSD 预处理，只保留房间原始结构。

进而生成一张纯粹的毛坯图片如下：

5.2.2 语义分割处理

有了毛坯图片后，接下来我们进行图片的语义分割处理。首先开启一个新的 CN 单元，使用 seg_ofade20k 预处理器进行语义分割预处理，处理后的图片可以下载到本地备用。

想想这个毛坯需要摆放的物品，网上找一些素材图片。

然后用同样的方式处理成语义分割图片。

使用其他图层修改软件如，Photoshop，将对应物品的语义风格截取处理成单独的图层图片。

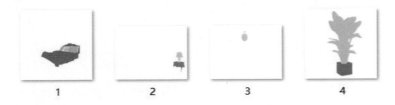

然后继续将这些图片插入最初的毛坯语义图中进行调整，最终得到如下语义分割图：

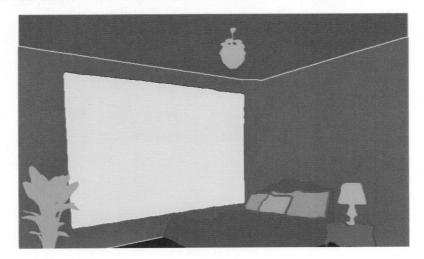

　　语义分割图包含了我们想要控制的画面结构和语义内容，我们把它放入 CN 的 Unit 单元进行控制。需要注意的是，这里我们不需要再针对此图进行预处理，所以预处理器位置选择 none，同时我们希望在生成效果上，模型有一定的自由度，所以结束控制的值设定为 0.85。

　　根据想要的风格，选择适当的底模型和 LoRA 进行生图，如现代风格如下：

法式风格效果如下：

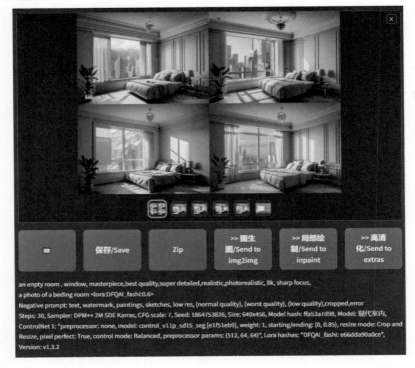

an enpty room , window, masterpiece,best quality,super detailed,realistic,photorealistic, 8k, sharp focus,
a photo of a beding room <lora:DFQAI_fashi:0.6>
Negative prompt: text, watermark, paintings, sketches, low res, (normal quality), (worst quality), (low quality),cropped,error
Steps: 30, Sampler: DPM++ 2M SDE Karras, CFG scale: 7, Seed: 1864753826, Size: 640x456, Model hash: ffa53a7d98, Model: 现代室内,
ControlNet 1: "preprocessor: none, model: control_v11p_sd15_seg [e1f51eb9], weight: 1, starting/ending: (0, 0.85), resize mode: Crop and
Resize, pixel perfect: True, control mode: Balanced, preprocessor params: (512, 64, 64)", Lora hashes: "DFQAI_fashi: e66dda90a0ce",
Version: v1.3.2

至此，针对这张毛坯或者实拍的图片，我们就可以根据需要生成效果图了。

5.3 利用室内效果图出 AI 效果图

以前在 SD 体系内，我们针对室内设计的不同风格展现主要依靠模型来进行调整，但是 CN 模式中的 reference 类型出现后，确实为我们展示了另一种通过图片进行风格迁移的可能性。

5.3.1 外来图片迁移风格

之前我们已经介绍过 reference 的具体预处理器，分别是 reference_only、reference_adain、reference_adain+attn，需要注意的是，它们的使用都建立在底模型可以正常推理生成的图片基础之上。

在开始迁移图片风格前，我们需要准备一张想要迁移风格的非 SD 生成图片。如这张由 MJ 生成的风格图片。

启用 reference_adain+attn 预处理，调整 Style Fidelity 到值为 90.8。

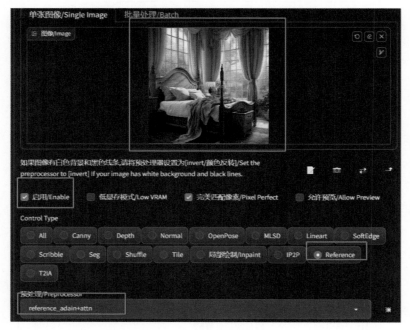

Prompt 填入"bedroom, bed"生成图片效果如下：

需要注意的是, reference_adain+attn 对提示词和反向提示词比较敏感, 所以填入的 prompt 信息越多, 生成的图片越容易出现错误混乱的内容, 一般控制 token 数量在 3 左右会有较好的效果。eference_only 也是如此, 效果如下:

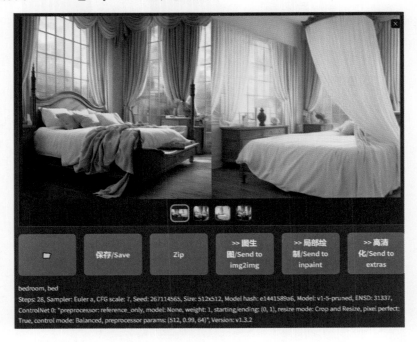

在实际测试中, reference_adain+attn 效果略好于 reference_only, 而且这两个预处理器擅长处理非 SD 生成的外来图片, 如照片、MJ 生成图片、渲染图片等。

5.3.2 SD 生图迁移风格

reference_adain 比较擅长本身 SD 模型可以处理的图片，同时对 prompt 可以提供更加可靠的泛化支持，使用时可以配合大量 prompt 使用。

例如，使用此图进行风格迁移：

我们首先使用图生图中的 CLIP 反向推导提示词 /Interrogate CLIP 功能推导这张图片的提示词。

然后将推导的提示词最重要的内容"a living room with white furniture and a painting on the wall"填入文生图中，并增加质量词。

然后我们使用一张线稿图进行 CN 配置，引导推出时间在一半左右。

生图结果如下:

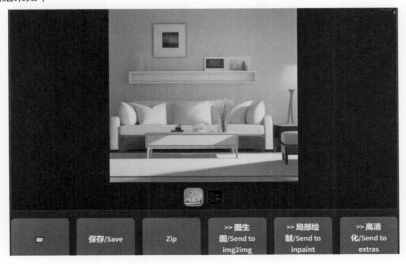

此时加入 reference_adain 预处理引导。

生成效果如下：

对比可以看出，墙面装饰线条、整体颜色、家具风格等都向目标图片进行了迁移。

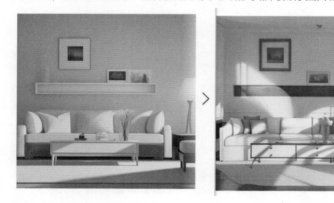

不过由于本身 SD 生成的图片就具有可本地复制迁移的属性，所以并不推荐这个用法。

总的来说，使用 reference 类型进行风格迁移是可行的，在使用中它更注重本身对底模型可生成内容的认知和经验，同时它也可以帮助我们快速扩展训练素材，具体使用方法需要结合经验进行操作。

5.4 利用建筑白模图片出 AI 效果图

5.4.1 线条检测的局限性

我们在使用一些由 Sketchup 或者 Blunder 生成的白模图或者简单体块的图片生成效果图时，如果使用线条 CN 类型进行生图控制，经常会碰到不能完整检测出图形线条或者生成图片出现混乱空间关系的情况。我们用一个实际操作的例子进行说明，如左侧图所示。

当我们使用线条检测预处理器时，处理效果是这样的。

Canny:

MLSD:

lineart_realistic:

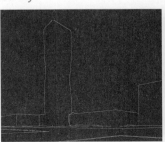
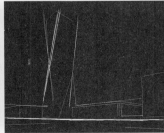

scribble_xdog:

softedge_pidinet:

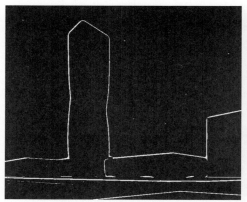
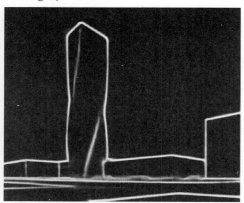

可以发现以上检测都有关键线条的缺失，生图效果不能符合我们设计建筑结构的想法，使用 prompt：

"masterpiece,best quality,super detailed,realistic,photorealistic, 8k, sharp focus,a photo of a building, outdoor, mountains, sunlight

Negative prompt: text, watermark, paintings, sketches, low res, (normal quality), (worst quality), (low quality),cropped,error"

生图效果基本如下：

所以此时为了更好地完成空间结构的还原，我们需要引入可以进行空间检测的 CN 模式 Depth 或者 Normal 进行辅助控制。

5.4.2 引入空间检测

我们在 CN 中开启第二个 Unit, 同时上传图片并启用。

选择 normal_bae 预处理器, 处理结果如下:

这里也可以使用 Depth 模式下的其他处理器,具体选取的处理器应该以处理结果为准, 如此处使用 depth_midas 处理效果如下:

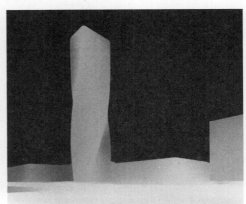

因为同时使用了两个 CN 的 Unit，所以需要分别调整一下两个单元的控制权重和退出时机，这里我们在一定程度上弱化线条控制。

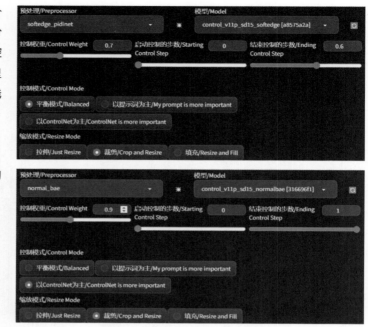

并且强调空间关系的处理。

生成结果如下：

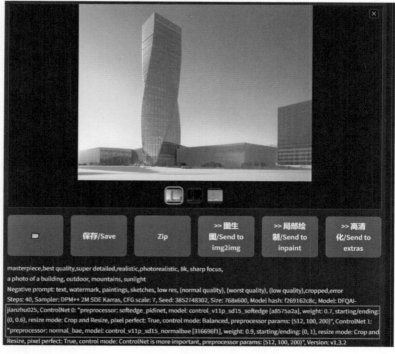

这样我们就可以比较稳定地还原我们设计的空间结构进行效果图的生成了。

5.5 融合不同功能调整室内和建筑效果图

5.5.1 生图基础调整

一般的室内效果图生成，可以从房间结构着手。我们简单拉取线条作为房间结构图，并为其生成简单的 seg 语义分割图，如右侧放入两个 CN 的 unit 中：

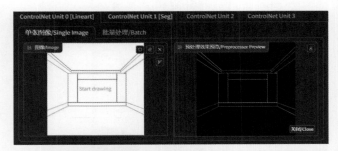

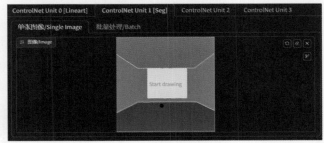

在文生图中填入：

"modern living room, window, marble floor, white wall"

并选取模型来控制我们想要的房间效果，生成一个空房间。

我们将图片保存，接下来在这个房间的基础上生成室内的装饰以及家具布局。

5.5.2 生图结构细化

将这张图片传入图生图中，使用局部绘制一个区域，并修改提示词为想生成的家具或者装饰，如"television"。

生成结果如下：

再将此图片导入左边进行下一个区域的物品重绘，期间尽量获取想要的物体区域位置和颜色，可以适当增加颜色描述。

如果觉得不好控制画面可以改用 CN 的 inpaint_only 预处理器在基本的图生图功能中进行引导。

重复这个过程直至获取满意的构图画面。

当然如果已经有现成的构图参考图片，如线稿图、语义分割图、白模图等，可以直接从此部分的操作开始进行。

5.5.3 生图效果调整

接下来，我们要结合这张图片的内容进行实际效果的控制生成，回到图生图，将之前的提示词整理填入 prompt。

传入我们最后的图像并配合 CN 进行出图，在图生图中传入最后生成图像，如果使用线稿或者其他参照图可以提前生成一个结构符合设计想法的基本图像进行上传。

然后在 CN 中传入图像，选用 tile_resample 处理，此处需要调低 tile 模型的控制权重，给基础模型和提示词发挥的空间。

生成图片效果如下：

这时我们依然可以使用之前的局部绘制流程改变图片元素，或者通过 LoRA 调整整个空间的风格。

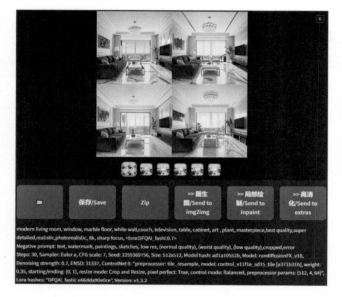

当抽到效果满意的图片后，可以进行另外的保存。最后选取图片，通过之前介绍的方式进行图片分辨率的放大。

使用 Tiled Diffusion & VAE 的放大方式,修复一些细节并得到图片如下:

放大参数设置如图:

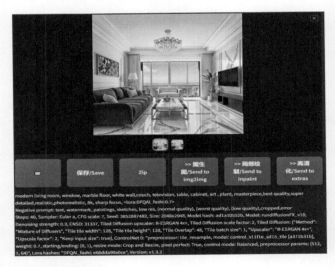

至此就是整个室内设计效果图的生图和调整过程。

建筑设计的生图流程在过程和原理上与此并没有实际区别,可能只是在最初的参考图片上有所差异,如使用 SU 生成的白模图,需要根据实际情况调整对应的 CN 选择或者调节相应的参数。同时,由于建筑效果图的特殊性,大部分的效果需要通过 LoRA 实现,所以可能需要更多的抽取次数和运气。

第6章 发展形式与核心竞争力

6.1 行业现状和未来发展

目前,生成式人工智能呈现出三层架构的产业链。通过多种人工智能技术的融合,AIGC推动了技术变革,降低了人工智能工程化的门槛。未来,在文本、图片、语音等领域,技术将逐步成熟,并推动多模态融合的发展。AIGC的产业链包括上游基础层、中间技术层和下游应用层。人工智能赋能产业发展已成为主流趋势,将广泛应用于各个行业,应用场景进一步多元化。人工智能持续升温,产业进入高速发展阶段。在政策和市场的共同推动下,中国甚至全球的人工智能市场规模持续扩大。

当今人工智能算力持续突破,GPU领域可能因算力需求增长而受益。在中国,人工智能发展呈现出政策大力支持、商业应用逐步落地、产业技术加速创新升级的趋势,行业发展潜力巨大。根据当前AIGC产业链的分布情况,算力和中间层企业具有较大的发展机会。一些科技巨头已经布局多年,通过"模型+工具平台+生态"三级协同加速产业智能化。海外公司中,谷歌推出了NLP大模型BERT,在语义理解领域表现出色;OpenAI推出了ChatGPT,在语言生成领域有很好的表现。国内的企业主要包括百度、阿里、科大讯飞和华为等人工智能企业,同时还有智源研究院、中国科学院自动化研究所等研究机构。

6.1.1 AIGC 和 AI 的发展

1.AIGC 的技术能力

根据面向对象和实现功能的不同,AIGC可以分为三个层次:智能数字内容孪生(包括智能增强技术和智能转译技术)、智能数字内容编辑和智能数字内容创作。根据Gartner公司的估计,目前生成式人工智能只占据了所有数据产量的不到1%,其生成数据的渗透率还有很大提升空间,预计到2025年将达到10%。

2.AIGC 的发展流程

人工智能主要涵盖了六个学科。目前，业界的讨论往往集中在机器学习这一学科上，它在各个领域都具有广泛的应用前景，包括自然语言处理、计算机视觉、电子商务等。人工智能算法的不断迭代是 AIGC 发展进步的动力源泉，各种 AI 技术的累积融合，特别是在深度学习模型方面的技术创新，推动了 AIGC 的技术变革，降低了 AI 工程化门槛，有望重新定义生产力。

基础的生成算法模型不断创新突破，如 Transformer、扩散模型等深度学习的生成算法相继涌现，预训练语言模型 (PLM) 引发了 AIGC 技术能力的质变。自 2018 年以来，预训练语言模型及其"预训练—微调"方法已成为自然语言处理 (NLP) 任务的主流范式。规模更大的模型不仅在已知任务上表现更好，同时展现出处理更复杂未知任务的强大泛化能力。多模态技术推动了AIGC 内容多样性的实现，使其具备更通用的能力。

3.AI 的发展周期可以划分为以下两个阶段

AI 的 1.0 时代 (2012—2018 年)：主导逻辑是大数据、小算力、专用决策范式。在这个阶段，存在着单领域、多模型的限制，数据集和模型碎片化明显，AI 的泛化能力不足。大多数行业需要投入巨大成本来收集和标注数据以利用 AI，这导致规模经济不成熟。AI1.0 缺乏规模化能力来降低应用开发的门槛和打造完善的生态链，因此商业化价值较小。

AI 的 2.0 时代 (2017 年至今)：预训练大模型在无须人工标注的海量数据的学习训练后具备良好的通用性和泛化性。通过微调等方式，这些模型可以适应和执行各种任务，显著降低了 AI 工程化的门槛，使其成为自动化内容生产的"工厂"和"流水线"。GPT-3 的出现使大数据、大算力和通用范式成为典型模式。AIGC 模型有望逐步实现更高的认知智能，包括预测、决策和探索等能力。这使得 AI 真正有望实现平台化的效应，并探索商业化应用创新的机会。

6.1.2 未来发展方向

未来, 文本、图片、语音、代码等场景将逐步走向成熟, 并助推技术向多模态融合的方向发展。以下是五个主要的发展方向:

① 文本到文本 AIGC: 例如, 大型语言模型聊天机器人 ChatGPT, 它能够进行自然语言对话和生成文本回复。

② 文本到图像 AIGC: 例如, 谷歌推出的文本到图像的扩散模型 Imagen, 它可以根据给定的文本生成相应的图像。

③ 文本到 3D AIGC: 例如, 谷歌推出的 DreamFusion,它能够根据提供的文本创作出 3D 模型, 使文本和三维图形结合。

④ 音频相关 AIGC: 例如, Murf AI 推出的人类语音生成器, 它可以生成逼真的人类语音, 具有广泛的应用潜力。

⑤ 图像到图像 AIGC: 例如, Preferred Networks 推出的 Crypko, 它可以创作出上半身动漫形象, 实现图像到图像的生成。

这些方向代表了 AIGC 技术在不同领域的应用和发展趋势, 将为我们带来更多多模态融合的创新应用。

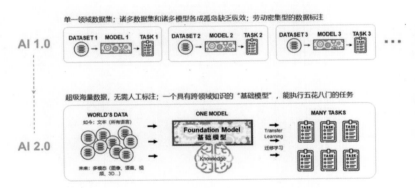

资料来源: 创新工场

6.1.3 国内市场发展

随着信息通信技术的高速发展，中国乃至全球的数据规模将迅猛增长。根据 IDC 的统计数据，中国的数据规模预计从 2021 年的 18.51ZB 增长到 2026 年的 56.16ZB，年复合增长率为 24.9%，位居全球第一。数据是人工智能模型开发和迭代的基础，也是推动产业智能化发展的重要资源。大规模可用的数据对于深度学习在人工智能领域的发展提供了巨大的助力。企业应将大数据机遇转化为发展红利，打破数据壁垒，实现数据汇聚，并进一步提升商业价值。

人工智能技术在中国呈现出政策大力支持、商业化应用逐步落地、产业技术加速创新升级的发展趋势。该行业拥有巨大的发展潜力和广阔的市场前景。自 2015 年以来，人工智能先后被纳入"十三五"和"十四五"国家发展规划纲要，国家持续推动人工智能产业发展，并积极布局产业新规划，为该行业提供了增长动力和长期保障，人工智能政策红利不断凸显。根据 2017 年国务院发布的《新一代人工智能发展规划》，到 2025 年，人工智能核心产业规模应超过 4000 亿元，带动相关产业规模超过 5 万亿元。

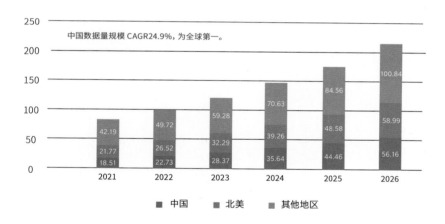

资料来源：IDC 统计数据。

6.2 未来设计行业的核心竞争力

AI 只是增加生产力的工具,短时间内很难取代设计行业中有创意、个性化的工作。在 AI 的影响下,室内和建筑设计行业的核心竞争力将涉及以下几个方面。

6.2.1 创新设计能力

创新设计能力是室内和建筑设计行业的核心竞争力之一。AI 的辅助工具可以为设计师提供更多的创意概念和设计选项。设计师需要具备创新思维,将 AI 生成的概念与自己的创意相结合,以创造出独特且符合客户需求的设计解决方案。设计师应该保持对行业趋势和创新技术的敏感性,不断学习和探索新的设计理念,将创新融入设计中,为客户提供独一无二的体验。例如,室内设计师可以使用我们书中写到的 AI 工具,生成不同的家具效果方案,然后根据客户的需求和自己的创意来调整和确定最终的设计方案,以实现个性化和独特的室内设计。

6.2.2 数据驱动的设计决策

AI 技术可以分析和处理大量的数据,从用户偏好、空间布局到能源效率等方面提供有价值的洞察。设计师需要具备数据分析和解读的能力,将数据应用于设计决策。通过使用 AI 工具和技术,设计师可以更准确地了解用户需求,预测趋势,并在设计过程中做出更有根据的决策。数据驱动的设计决策可以提高设计的可行性和可持续性,使设计方案更符合实际需求。

6.2.3 与 AI 技术的协同工作

AI 不是要取代设计师,而是要与设计师进行协同工作。设计师需要了解如何与 AI 工具和技术进行有效的合作。AI 工具可以帮助设计师在设计过程中自动完成烦琐的任务,提高设计效率。设计师可以利用 AI 提供的辅助工具和智能化技术,快速生成设计方案、模拟效果、优化设计细节等。设计师应该了解 AI 技术的局限性,并与 AI 进行有效的合作,二者发挥各自的优势,共同推动设计的创新和进步。

6.2.4 用户体验和个性化定制

AI 可以帮助设计师更好地理解用户需求和偏好, 提供个性化定制的设计解决方案。AI 可以分析大量的用户数据和行为模式, 提供个性化的设计建议和定制选项。设计师可以利用 AI 技术进行用户研究和分析, 了解用户的喜好和需求, 从而提供更符合用户期望的室内和建筑设计。通过个性化设计和优化用户体验, 设计师可以增加客户的满意度和忠诚度, 提升设计作品的竞争力。

总结

综上所述, 未来室内和建筑设计行业的核心竞争力将体现在创新设计能力、数据驱动的设计决策、与 AI 技术的协同工作、用户体验和个性化定制等方面。设计师需要不断学习和适应新的技术和工具, 积极应用 AI 技术, 以满足客户的需求, 创造出更优秀和更有竞争力的设计作品。

扫码观看视频教学